JN020842

りんご塾代表
田邉亨
［著］

伊豆見香苗
［絵］

Gakken

はじめに

私はどんな子どもにも天才性が備わっていると思っています。

天才性とは、ほかの子とは違うところ、誰からも教わっていないのに身に付いたもの、おどろく発想や着眼点などです。その子らしさと言ってもいいかもしれません。どんな子も天才性をもって生まれてきますが、それを発見されるのは一部の子だけ。多くの子どもたちは社会性を身に付けていくにつれて、天才性が見つけてもらえなくなっていきます。

子どもに勉強をさせるのは、子どもを大人にするためでしょうか？　私は子どもは子どものままに学ばせたいと思っています。子どもは泣き、笑い、遊び、走り、歌います。そのすべては自己表現です。それと同じく、学ぶことも子どもにとっての自己表現の1つです。難しい問題を解くために悩むことも、パズルや迷路に没頭することも、走ったり歌ったりすることと同じ。それらは義務ではなく、欲求です。人間にとって学ぶことは本能的なもの。学ぶというのは本来、やらされるのではなく、たのしんで自分からやることだと思います。だから私は自分が教材を作るときは、子どもたちが自分からやりたくなるようなものを作ることを心掛けています。義務のように勉強する子どもになってほしくないからです。

本書『ヒマつぶしドリル』に掲載した問題は、すべて私が塾で子どもたちとやってきたもので、面白いものだけを厳選しました。私が指導しているのは、私立小学校の受験などは経験していない、いたって普通の公立の小学校に通う子どもたちですが、この問題に夢中で取り組み、頭を悩ませた子たちが算数オリンピックのメダリストになっています。これが、どんな子どもにも天才性が備わっていると、私が考えるゆえんです。その子が自分らしさを失わずに、没頭することができれば、才能は伸びていくのです。

『ヒマつぶしドリル』とは、ふざけたタイトルだなと思った方もいるかもしれません。ただ、ヒマのつぶし方こそがとても重要です。ヒマとはなんでしょうか？子どもにとってヒマとは真っ白い大きな紙のようなもので、そこに何を描いてもいいよと言われているようなものです。一切の義務や責任から放たれ、自由な発想をどこまでも広げることができる時間。自分らしく過ごしていい時間。そんなヒマな時間こそが子どもの天才性を育てます。

そのヒマな時間に良質な問題に触れてほしいのです。床に寝そべりながら考え続けられるような、没頭できるような問題。そんな問題に触れているとき、子どもの頭の中では思考の扉が開かれ、思う存分に悩み考えることができます。悩み考えない人間に思考力など身に付きません。タスクをこなすだけの勉強でどうして思考力が身に付くでしょう。思考力は試行錯誤する力です。答えは与えられるものではない、自分の力で考え、探し、得るものだと知っている子どもは強いです。それが生きる力をもった子どもといえるのではないでしょうか。

最後に、素敵でたのしいイラストでドリルの魅力を引き上げてくれた伊豆見香苗さん、ありがとうございました。また、本書の製作に携わっていただいたすべての人に厚く御礼を申し上げます。

誰だって天才！！　すこしでも多くの人が、このドリルをきっかけに勉強のたのしさに気づき、自分に潜む天才性を再発見してくれたらうれしいです。

りんご塾代表 田邉 亨

ここは
宇宙のどこかにある
惑星ヒマージュ
美しい自然と
かわった
生き物たちに
囲まれた惑星だ
カメロンパン
う～ん
こまったなぁ
この惑星を取り仕切る
カミさまは悩んでいた
その理由は…
いま“うんこ”って
いいました?
カミさま
ソッキン

ヒマージュにある
「ファンタジーエリア」で
モンスター、おばけ＆ようかい、
ようせいたちがなわばり争いを
していること
モンスター
おばけ＆ようかい
VS
ポテチ コンソメ
ポテチ うすしお
ようせい
悩んだカミさまが占い師に
相談したところ
「ファンタジーエリアに
問題を100問つくれば
争いを解決する勇者が現れ、
カミさまの後継者になるだろう」
とのことだった
モンダイヲ…
100モン…
ツクレ…
ふむ！
なるほど
うさんくさい…
占い師インチーキ

カミさまはその予言を信じ
パズル形式の100問を
アトラクション形式にした
ガガガガ
つくるぞー
うおお
がんばってくださ〜い
ヒマつぶしパークを
ファンタジーエリア
の中に設立した
新しいあそび場ができたみたい
行ってみるか〜
そこにやってきた
やる気のなさそうな
子どもがふたり…
ヒー
マー

入り口
ステラ
カステラ
ふわ
なんかいいニオイだ!
行こう
甘いにおいにつられて
入場門をくぐったふたりは
ファンタジーランドに
閉じ込められてしまった
ゲッ
カステラ
よし、つれた!
ソッキン、あとはよろしく!
あいあいさー
カステラ
果たして彼らは
争いを解決することが
できるのか
ようこそ
ヒマつぶしパーク
たのしい問題を
100問といてね!
すべてとかなきゃ帰れないよ!!
カステラ
食べる?
だまされたぜ…

もくじ

ステージ1

ステージ2

ステージ3

この本に出てくるキャラクター

ヒー

イタズラが大好き。見た目は人間だが人間ではない。頭のアンテナは取り外し可能。たまにはずかしがり屋。

マー

ヒーとは幼なじみ。おもしろそうなことに興味があるが、ちょっと怖がりなところもある。一人称は「オイラ」。

ステージ4

ステージ5

カミさま

惑星ヒマージュの神様。地球へのあこがれがあり、地球のテレビをよく見て勉強をしている。

ソッキン

カミさまの相棒。マイペースな性格で、常にラクをすることを考えている。食べるのが大好きで結構グルメ。

オレ、ソッキン カミさまの助手 よろしく
オイラは マー
オレはヒー
とりあえずその カステラくれよ
ふぉ？
おかしを わけあって 仲良くなろうぜ
うわっ めっちゃイヤそう
ぐぬぬ…
ぐぬぬ…
ソッキン はやくくれよー
はよはよ
わーっ
全部食べ ちゃった!!

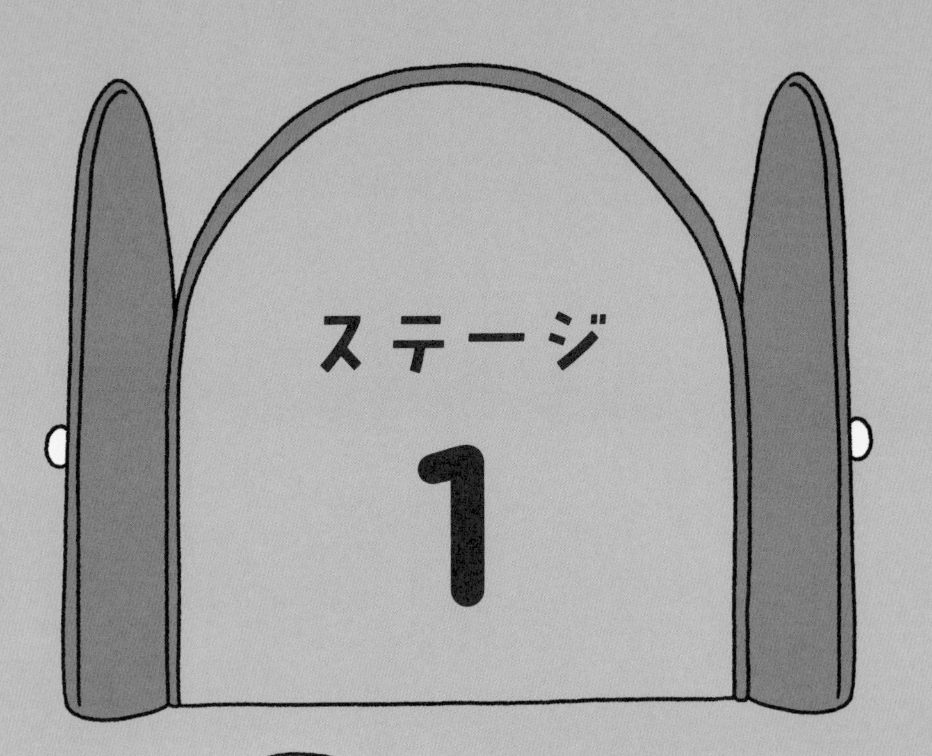

ステージ 1

算数と国語の力がつく、
たのしい問題がいっぱいだよ。
まずはモンスターエリアの
生きものたちと仲良くなろう。

とりあえず
やるかぁ…

どんな生きものが
いるのかな？

ダーツたし算1

数が書かれたダーツがあるよ。
真ん中の数に、その周りの数をたすと、
答えは何になるかな？
外側の白いところに、答えを書いてね。

やりたくなーい

やりたくなーい

答えは124ページへ。

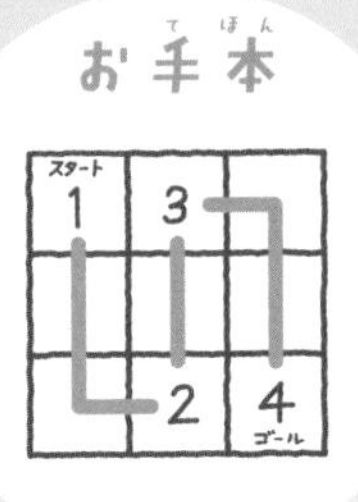

数字つなぎ1

1～6を順番に線でつなごう。
線はすべてのマスを通ってね。ななめに進んではだめ。
同じマスは1回しか通れないよ。

おまえたちは選ばれし
勇者なんじゃ！
がんばってくれ

		2	
スタート 1	ゴール 6		
		5	3
4			

あの占い師
ウソつきっぽいけど

答えは141ページへ。

回転する漢字1

下の図形を、真ん中の線で回転させてみよう。
何の漢字がうかび上がるかな？

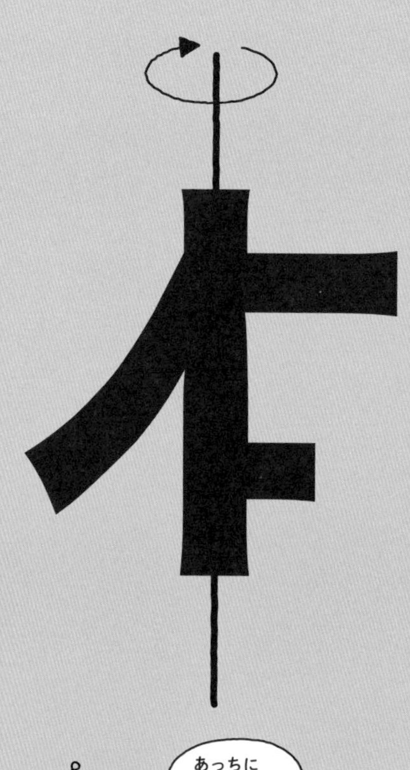

答えは128ページへ。

泳ぐのがはやいのは？１

金魚とくらげといるかが泳ぎの競走をしたよ。
それぞれのはやさは、下に書いてある通り。
どの順番でゴールするかな？

・金魚はいるかよりおそい
・くらげは金魚よりおそい

1番	2番	3番

答えは130ページへ。

3D○△×めいろ 1

○→△→×→○→……の順番に進んで、
スタートからゴールまで行こう。
すべてのマスを通らなくてもOK。ななめに進んではだめ。
同じマスは1回しか通れないよ。

答えは132ページへ。

たし算ゆうびん１

ダダダダッ

手紙とポストを線でつなごう。

手紙の●とポストの●をたすと、どれも５になるようにしてね。

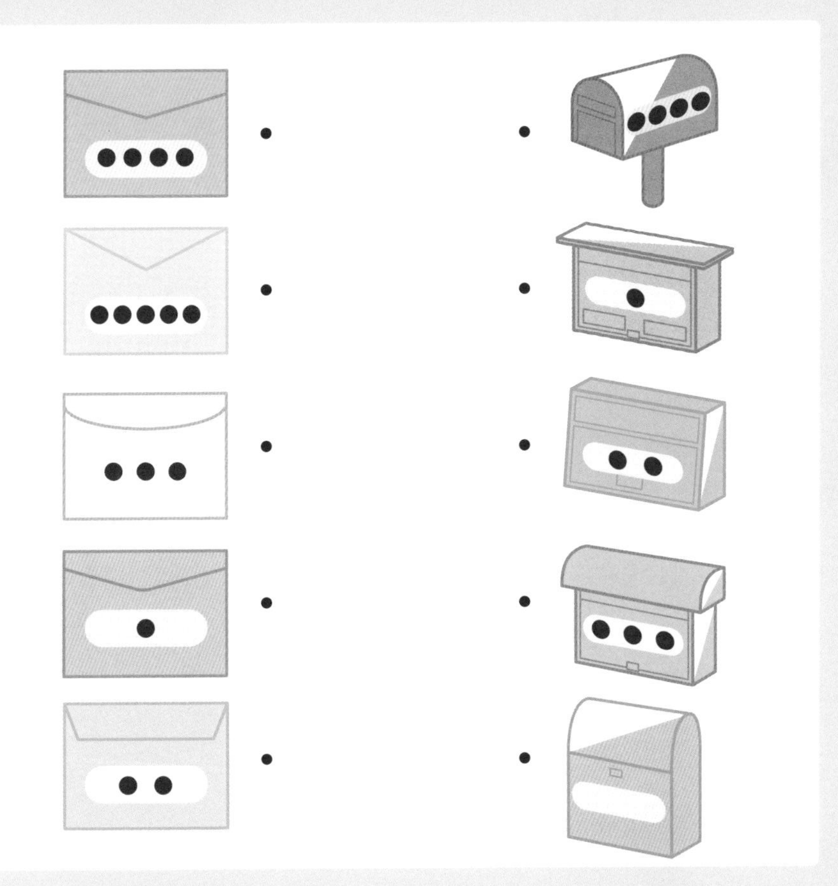

答えは134ページへ。

オノマトペリンク1

ふたつで一組になるように、
関係のある言葉を線でつなごう。
線はすべてのマスを通ってね。ななめに進んではだめ。
同じマスは1回しか通れないよ。

お手本

くるくる		
	歩く	
てくてく	回る	

オノマトペって
なぁに？

くるくる、てくてくのように、
動きやようすを、いかにもそれらしい
音で表した言葉だよ

モンスター親子

			めくる
ちかちか	めそめそ		
		光る	
泣く	パラパラ		

答えは136ページへ。

ことわざめいろ1

「や→ま→い→は→き→か→ら」の順番に

2回くり返して、スタートからゴールまで行こう。

すべてのマスを通らなくてもOK。ななめに進んではだめ。

同じマスは1回しか通れないよ。

病は気から……病気は気の持ちようで、よくも悪くもなるということ。

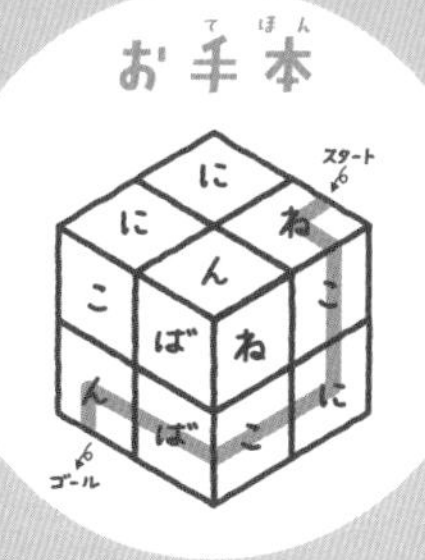

ねこにこばん……どんなにりっぱなものをあげても、その人には価値がわからないことのたとえ。

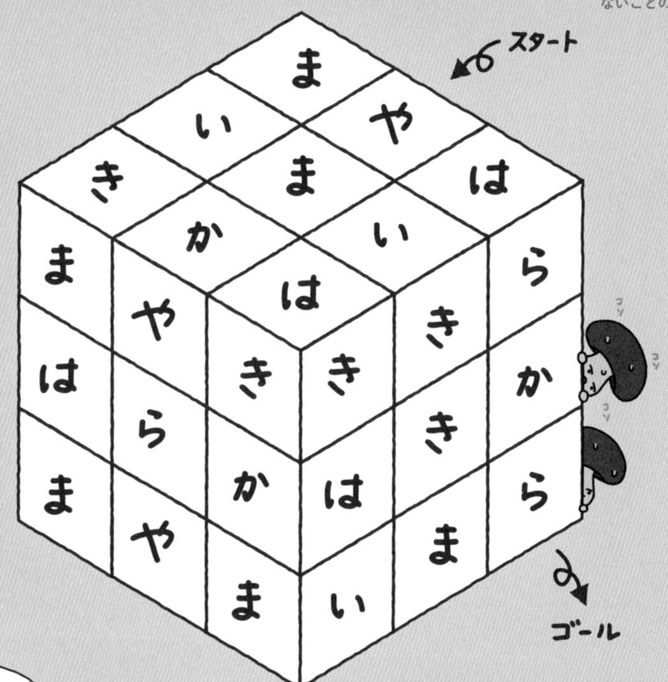

きのこ見失っちゃった

でもハラ減ったなー

答えは138ページへ。

いも虫時計1

体が時計になっているいも虫がいるよ。
ひとつ目の時計から3時間ずつ進むように、時計の短い針をかいていってね。

答えは125ページへ。

数字の通り道1

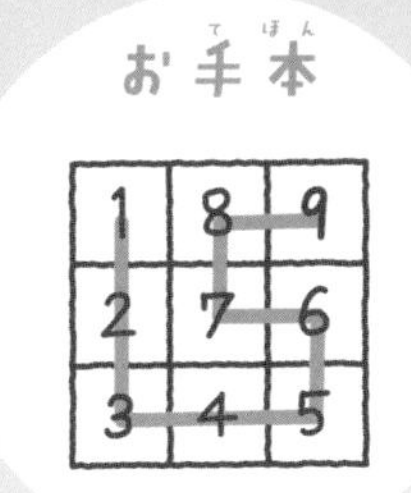

すでにマスの中に入っている数字をヒントにして、
すべてのマスを1～16の数字でうめよう。
1～16の数字は、つなげると1本の道になるよ。
1本の道は、ななめには進めないよ。

6			11
	1		
			16

答えは127ページへ。

となり合わせパズル1

4つにわかれたマスの中で、同じ文字のひらがなやカタカナがとなり合うように、❶～❸のブロックを入れてね。

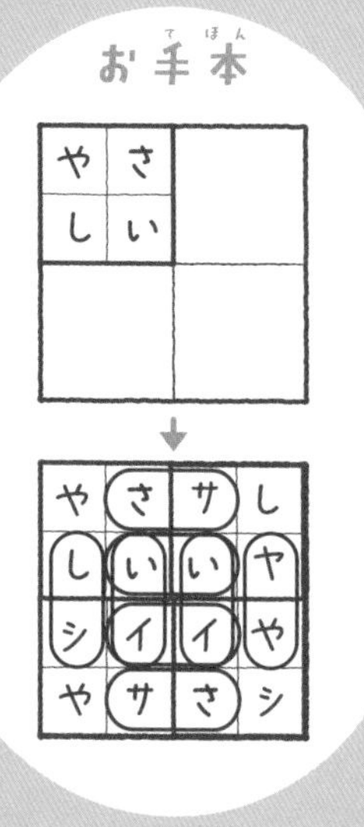

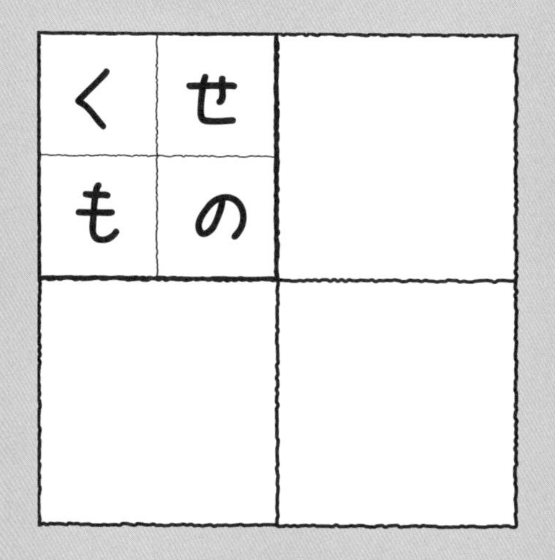

オイラも乗りたい

❶

モ	ノ
く	せ

❷

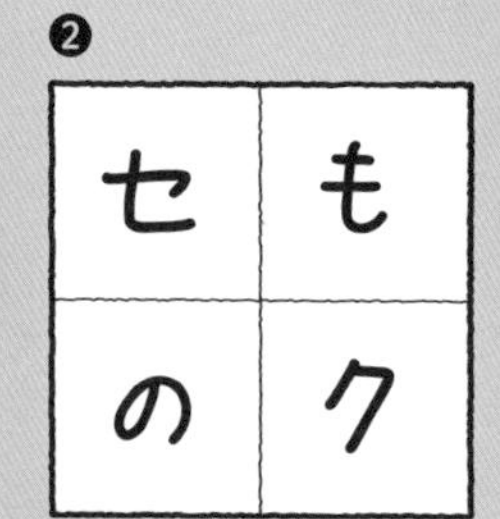

❸

ノ	く
セ	も

「くせもの」の意味：あやしい人や、油断のできない人。

答えは129ページへ。

エリアわけ1

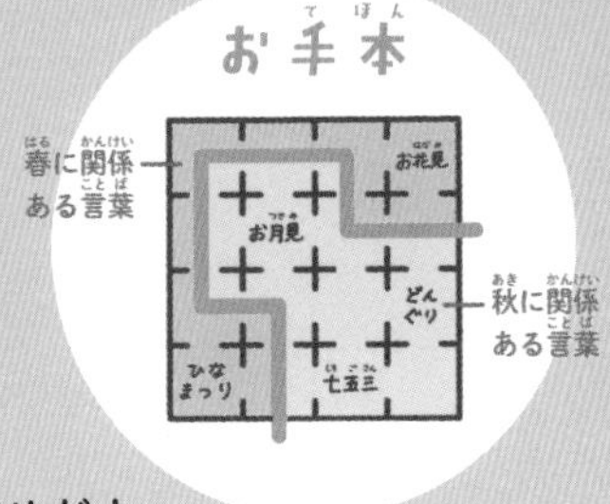

夏と冬に関係ある言葉をまとめて、
ふたつのエリアにわけよう。
引ける線は1本だけで、とちゅうで2本にわかれてはだめだよ。
すべてのマスを通らなくてOK。線はななめには引けないよ。

夏に関係ある言葉　キャンプ、花火、せんぷうき、サンダル、浴衣
冬に関係ある言葉　セーター、カイロ、雪遊び、スキー、ストーブ

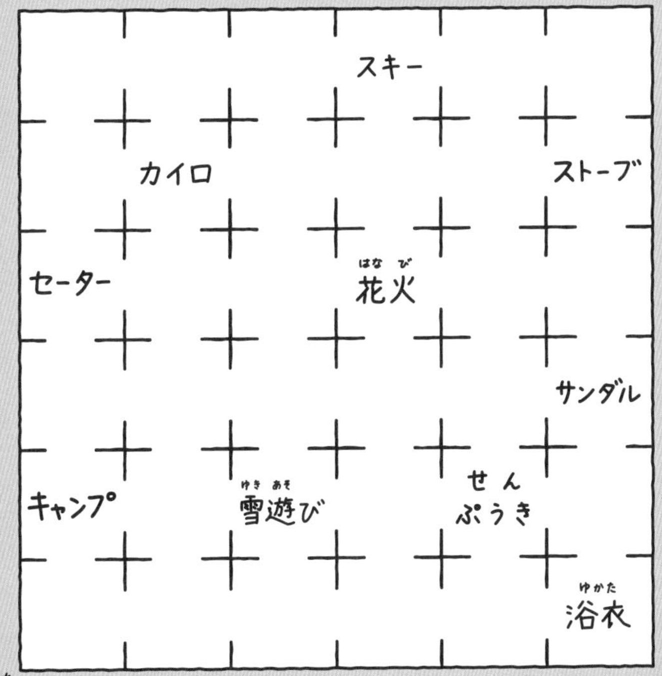

答えは131ページへ。

＋－ピラミッド1

空いているブロックの中に、＋か－を入れよう。
次のルールの通りに入れてね。

ルール

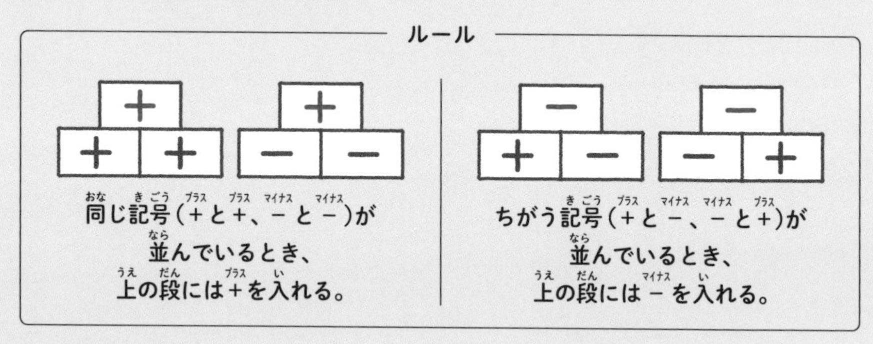

同じ記号（＋と＋、－と－）が並んでいるとき、上の段には＋を入れる。

ちがう記号（＋と－、－と＋）が並んでいるとき、上の段には－を入れる。

答えは133ページへ。

10のたし算リンク1

ふたつで一組になるように、
たして10になる数を線でつなごう。
線はすべてのマスを通ってね。ななめに進んではだめ。
同じマスは1回しか通れないよ。

お手本

1		
8	2	9

3		7
	9	2
1	8	

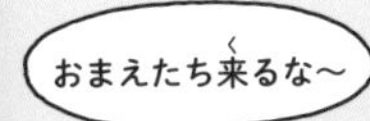

こわいかお

答えは135ページへ。

慣用句さがしパズル１

下の３つの慣用句をさがして、線でつなごう。
ひとつの慣用句は、それぞれ１本の線でつながるよ。

歯に衣着せぬ…思っていることをそのまま言うこと。
足が棒になる…長い間立っていたり歩いたりして、足がとてもつかれているようす。
気にかける…気にすること。心にとめること。

お手本

馬が合う……気が合うこと。
手を焼く……手間がかかって苦労すること。

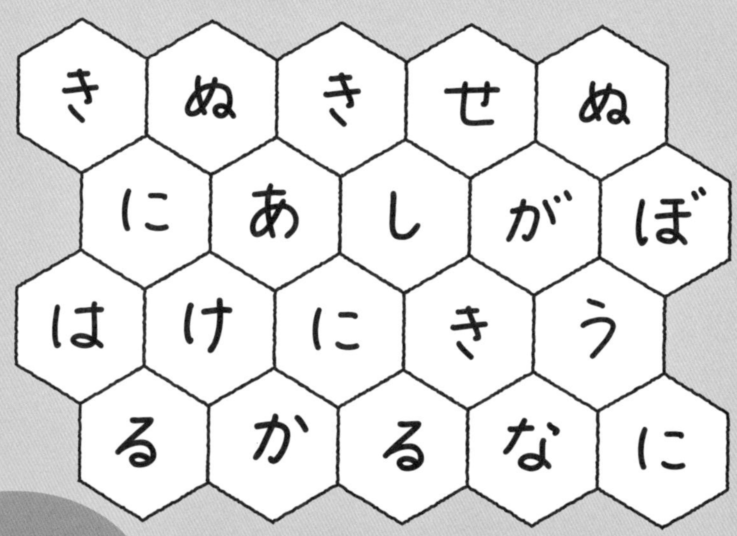

「慣用句」は、ふたつ以上の言葉が組み合わさって、特定の意味を表す独特な言い回しのことだよ

答えは137ページへ。

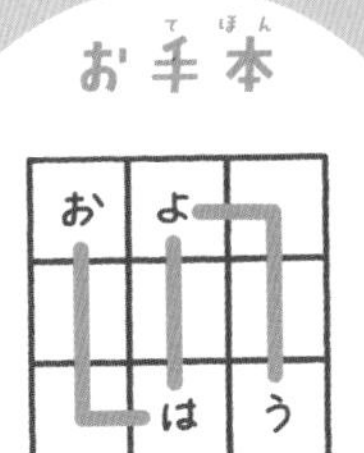

言葉つなぎ1

「じ」からスタートして、
「上下左右」の言葉になるように線でつなごう。
線はすべてのマスを通ってね。ななめに進んではだめ。
同じマスは1回しか通れないよ。

上下左右……上と下と左と右のこと。

う		じ		ゆ
			う	
	よ		さ	
				げ

お花ふまれなくて
よかった

答えは139ページへ。

宝石さがし 1

スタートから、矢印の方向に１マスずつ進んでいこう。
最後はどの宝石にたどり着くかな？

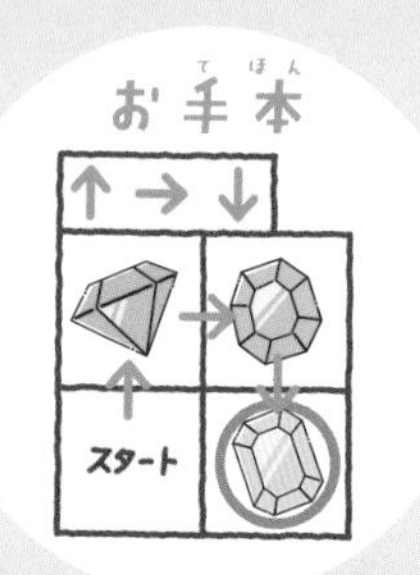

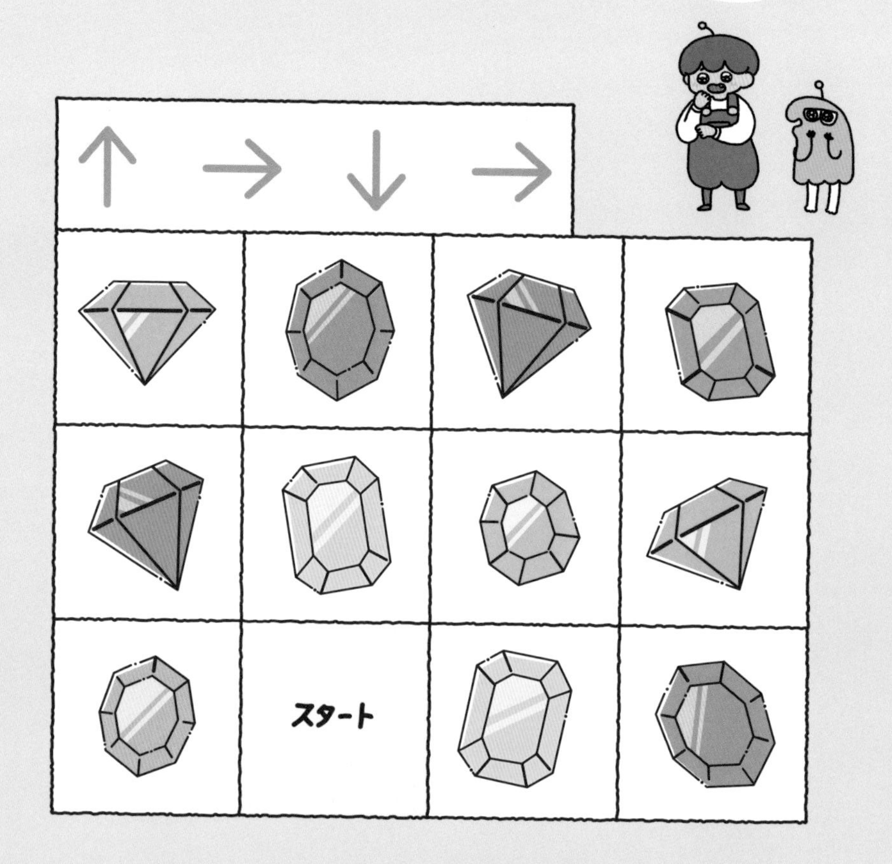

答えは124ページへ。

数字めいろ1

2からスタートして、ゴールの34まで行こう。

2、4、6、8、10……と、

ひとつずつ飛ばして進んでいってね。

すべてのマスを通らなくてもOK。ななめに進んではだめ。

同じマスは1回しか通れないよ。

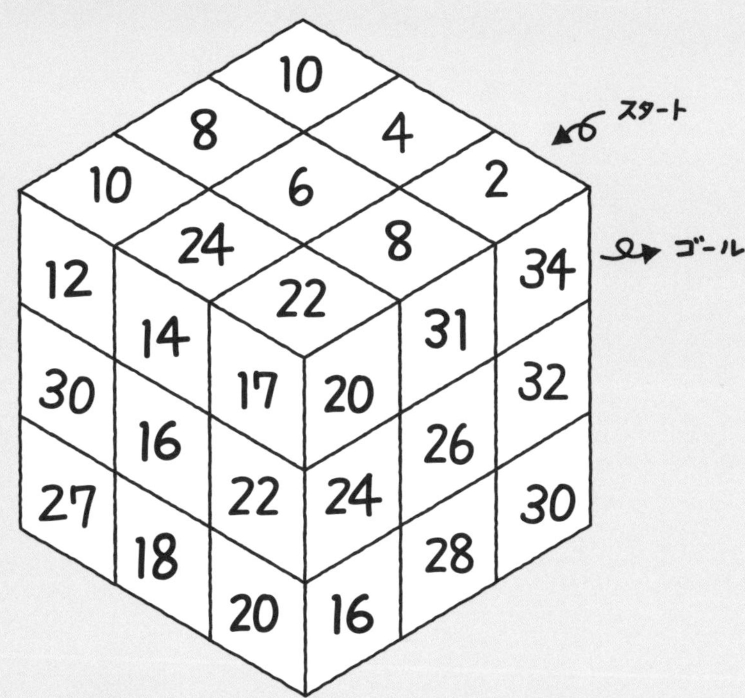

答えは126ページへ。

重さ比べ 1

プレゼントの箱が、天びんにのっているよ。
3つのうち、いちばん重い箱に○をつけよう。

天びんは、
重い方が下にしずむんだって

❶

❷

答えは140ページへ。

似ている言葉つなぎ1

ふたつで一組になるように、
よく似た意味の言葉を線でつなごう。
線はすべてのマスを通ってね。ななめに進んではだめ。
同じマスは1回しか通れないよ。

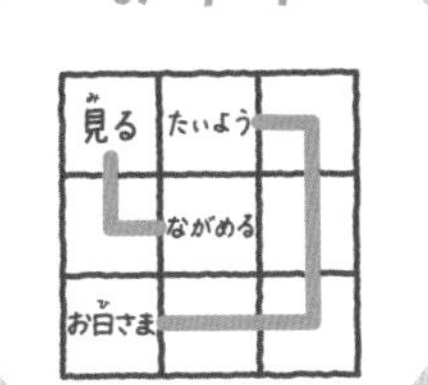

	最近			
	きれい		たくさん	美しい
		近ごろ		
			つらい	
悲しい	多い			

答えは130ページへ。

次は
ようかいと
おばけエリアか
おばけようこそ!!
どよ〜ん
げっ
オレ
おばけ苦手
なんだよ
な…
ちょっと
用事おもい
だした
そろ〜〜っ
ガシッ
行くぜ
おどかされたら おしっこちびっちゃう〜
ずる ずる ずる

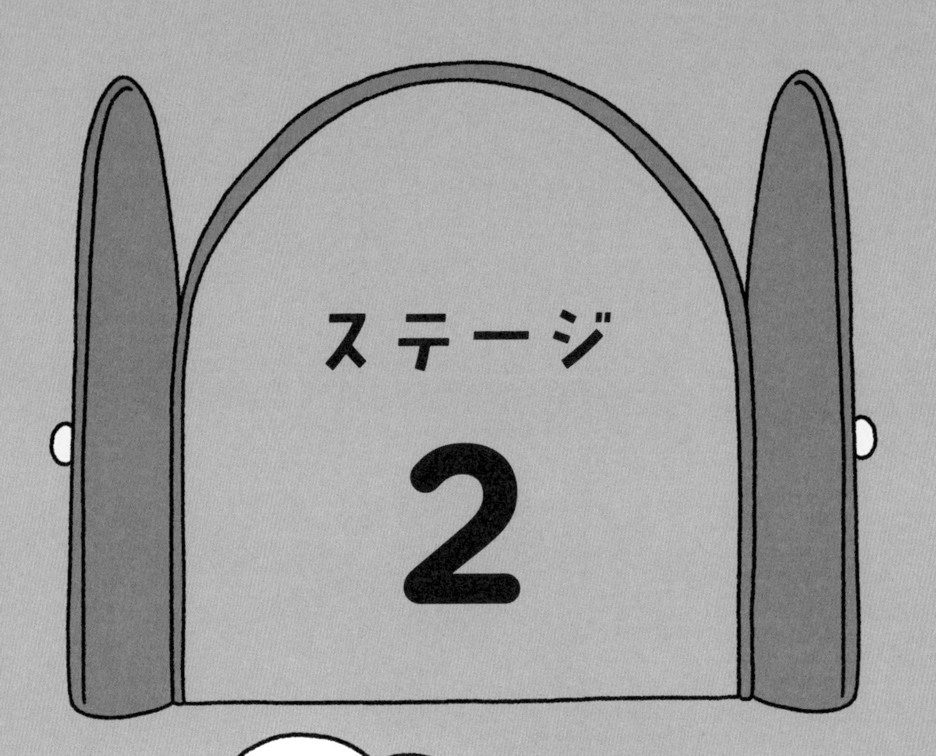

次は
おばけ＆ようかいエリア。
おしっこをちびらないように
注意しよう！
問題もちゃんとといてね。

イヤだよ～

たのしそうじゃん！

フルーツめいろ1

4種類のフルーツのうち、2種類のフルーツだけを通って、スタートからゴールまで行こう。
ななめに進んではだめ。同じ道は1回しか通れないよ。

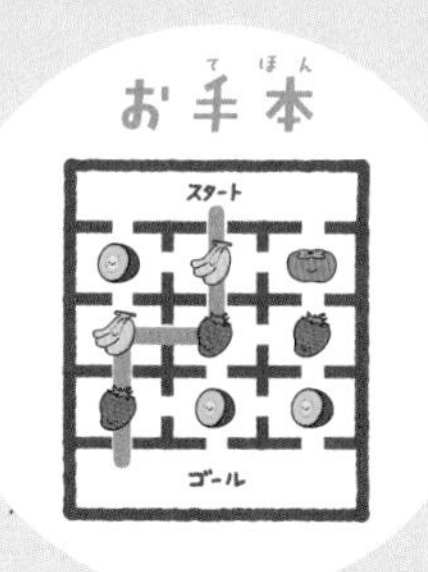

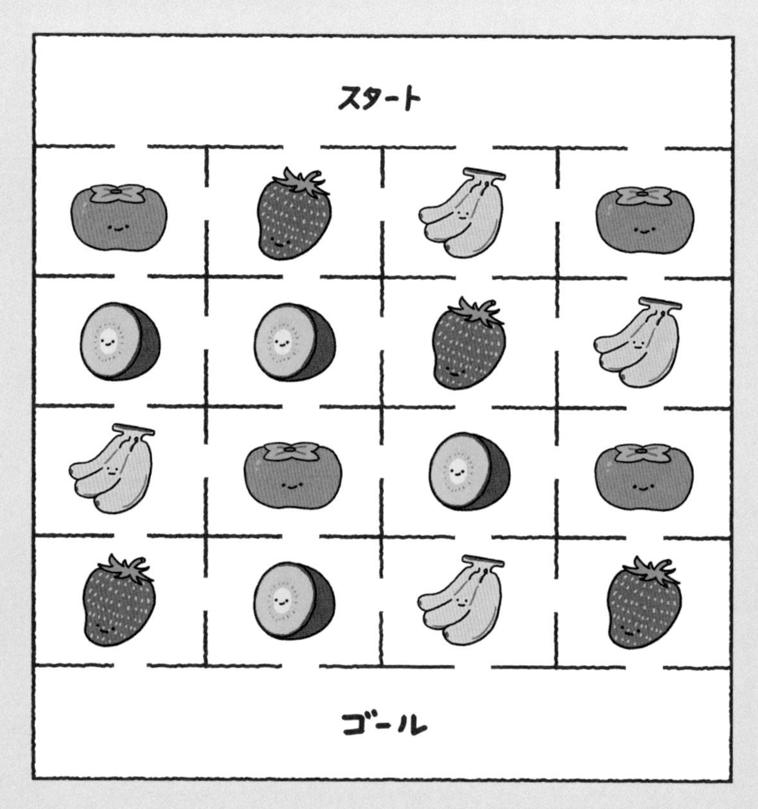

答えは132ページへ。

＋−ピラミッド2

空いているブロックの中に、＋か−を入れよう。
次のルールの通りに入れてね。

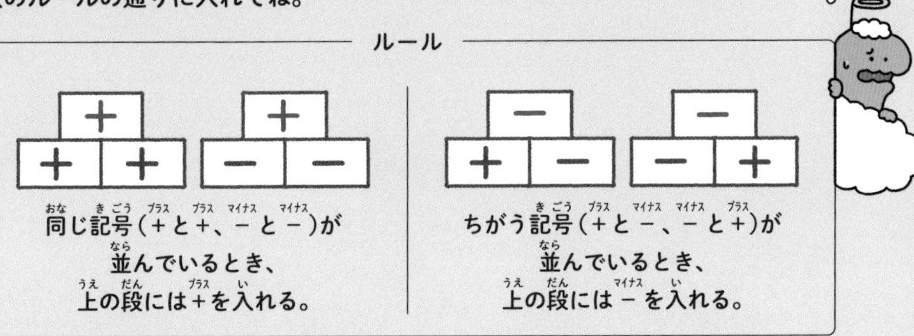

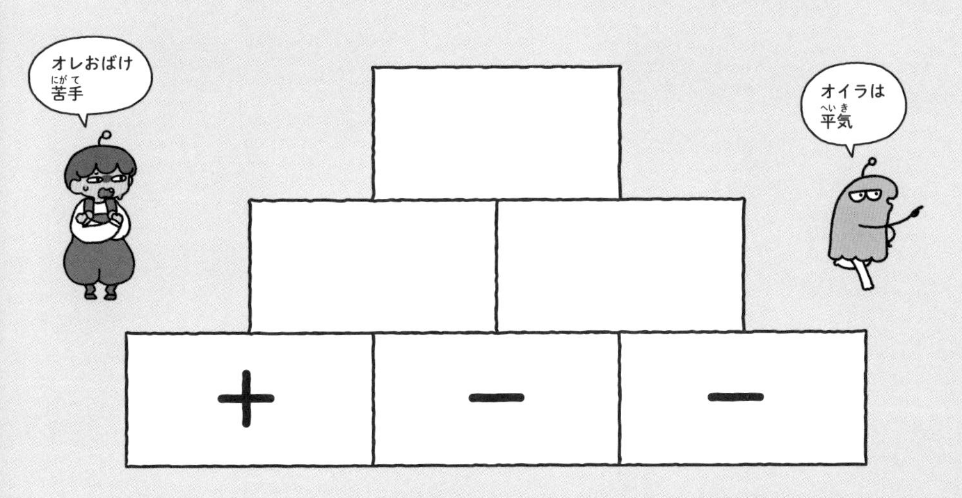

答えは134ページへ。

同じ音をさがせ！1

五十音表で段が同じひらがなが、縦・横・ななめのどこか1列に並んでいるよ。
どこかさがして、1本線を引いてね。

答えは136ページへ。

漢字点つなぎ1

1から19まで順番に線でつなぐと、漢字が出てくるよ。
何の漢字が出てくるかな？　19は1につなげてね。

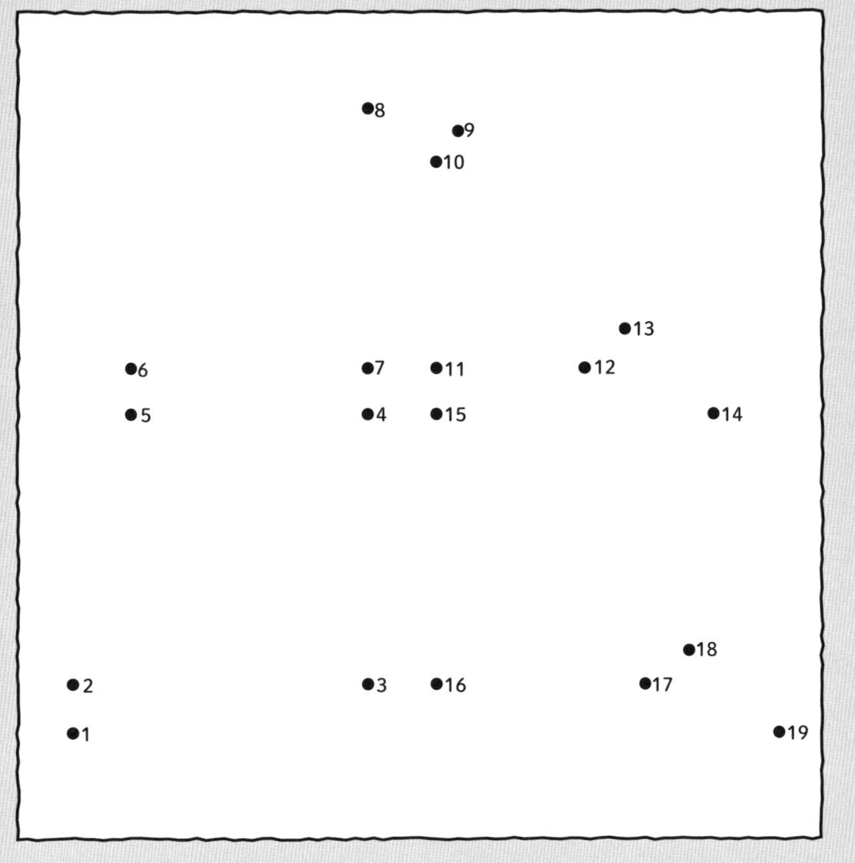

答えは138ページへ。

たして10になるのは？ 1

みんな４つの数が書いてある服を着ているよ。
４つの数をたすと10になる服を着ている子はだれかな？
ふたりいるよ。見つけたら、○をつけてね。

答えは125ページへ。

3D数字パズル 1

それぞれに1、2、3、4が全部そろっている。

空いているマスに1～4の数字を入れよう。
お手本のように、縦・横・面のそれぞれに、
1～4がひとつずつ入るよ。
すでに入っている数字がヒントになるよ。

答えは127ページへ。

漢数字つなぎ1

漢数字とその読み方を線でつなごう。
線はすべてのマスを通ってね。ななめに進んではだめ。
同じマスは1回しか通れないよ。

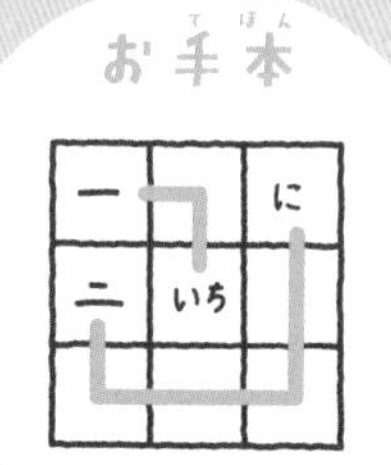

				にじゅうさん
	十五	二十三		
			ななじゅう	
七十				じゅうご

答えは129ページへ。

泳ぐのがはやいのは？2

えびとかめとくらげが泳ぎの競走をしたよ。
それぞれのはやさは、下に書いてある通り。
どの順番でゴールするかな？

・えびはかめよりはやい
・くらげはえびよりはやい

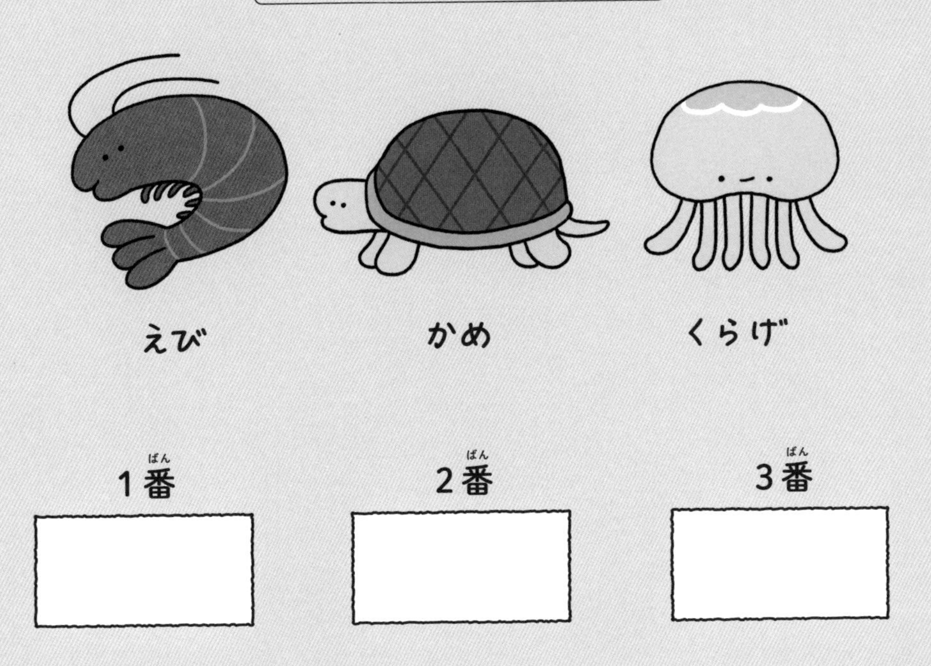

1番　2番　3番

答えは131ページへ。

ダーツひき算1

数が書かれたダーツがあるよ。
真ん中の数から、その周りの数をひくと、
答えは何になるかな？
外側の白いところに、答えを書いてね。

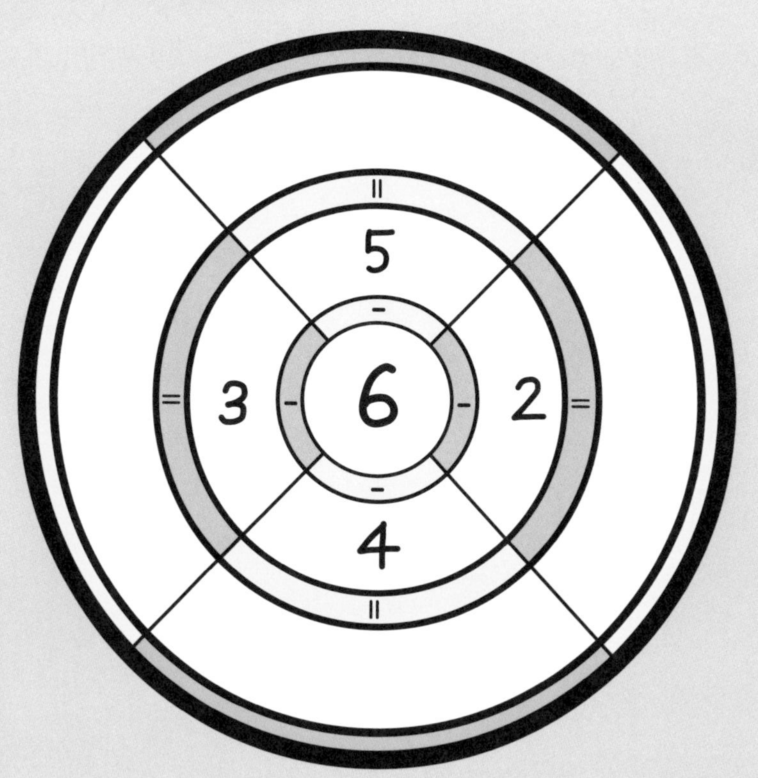

答えは133ページへ。

一本道1

今いるところよりひとつ大きい数か小さい数に進んで、
スタートからゴールまで行こう。
今いるところが2なら、ひとつ大きい3のマスか、
ひとつ小さい1のマスに進めるんだ。すべてのマスを通ってね。
ななめに進んではだめ。同じマスは1回しか通れないよ。

お手本

スタート 3		3
	4	
1 ゴール		2

ここのオバケ
平気に
なってきたかも

すげ

スタート 1		3		2
	2		3	
1		2		4 ゴール

答えは135ページへ。

漢字パズル 1

右と左から1個ずつ選んで、小学2年生までに習う漢字を3個作ろう。同じものは1回しか使えないよ。

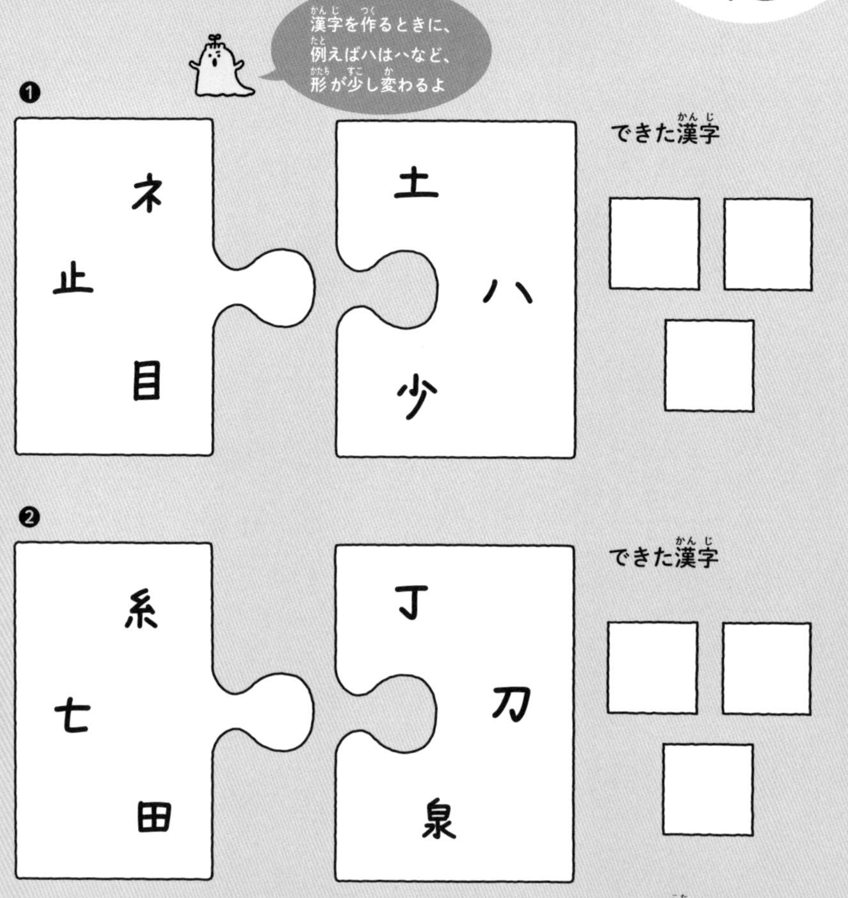

答えは137ページへ。

迷子はどの子？1

わたしの子は
どこ…？

この中に、迷子がひとりいるよ。
お母さんが話している❶～❸を読んで、見つけて、
○をつけてね。

❶ ぼうしをかぶっているよ。
❷ 青い服は着ていないよ。
❸ かみを結んでいる子のとなりにいるよ。

答えは139ページへ。

ハニカムたし算パズル1

ミツバチをそれぞれの部屋に入れよう。
左右にとなり合ったふたつの数をたして、
たした答えの一の位の数を、その下に入れてね。
正しい計算になるように、すべてのミツバチを使ってね。

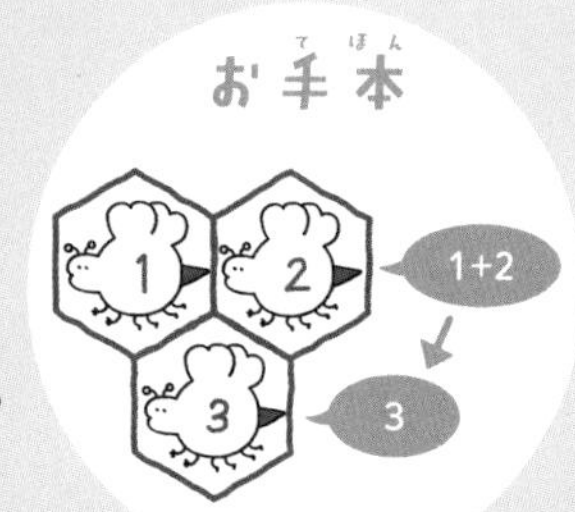

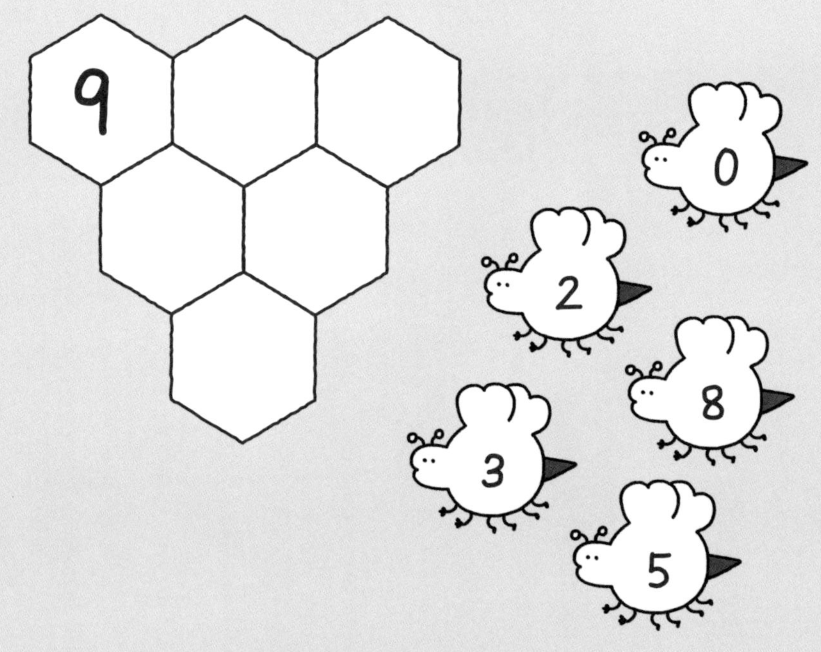

答えは124ページへ。

三角形のまほうじん

○と□の中に、1～9までの数のどれかを入れよう。
三角形のそれぞれの辺に並んだ3つの数をたすと、
真ん中の数になるよ。
○には2、4、6、8、
□には1、3、5、7、9のどれかが入るんだ。
同じ数は1回しか使えないよ。

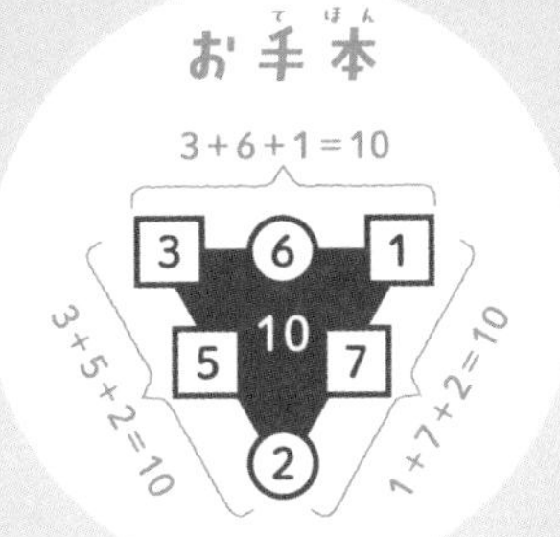

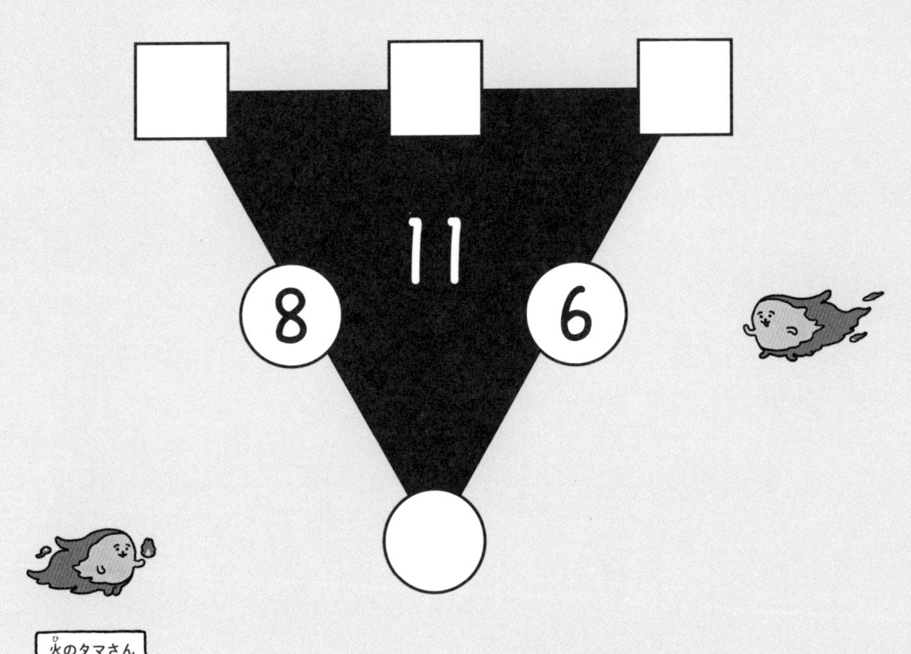

答えは126ページへ。

反対言葉つなぎ１

ふたつで一組になるように、
反対の意味の言葉を線でつなごう。
線はすべてのマスを通ってね。ななめに進んではだめ。
同じマスは１回しか通れないよ。

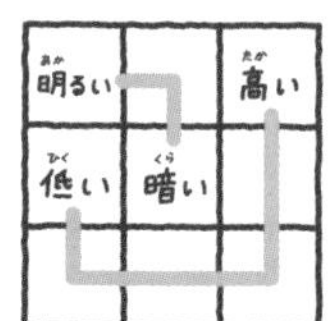

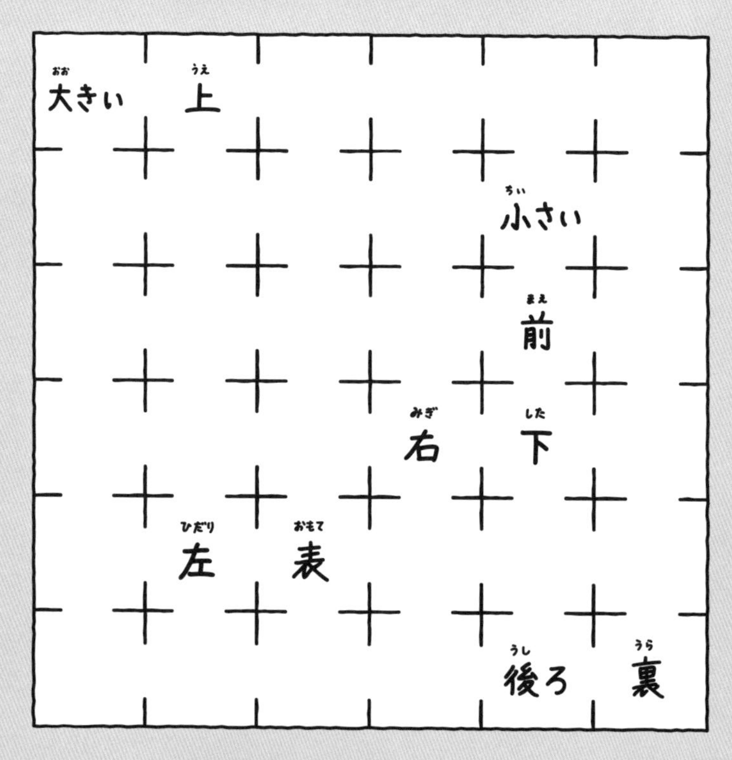

答えは128ページへ。

天才言葉集め1

それぞれの四角の中から、ひとつだけちがうひらがなを見つけて、下の❶〜❹に1文字ずつ入れてね。何という言葉になるかな？

❶
ががががががががっが
ががががががががが

❶
がががががががががが
がががががががががが
がががががががががが
がががががががががが
がががががががががが
がががががががががが
がががががががかがが
がががががががががが
がががががががががが

❷
なななななななななな
なななななななななな
なななななななななな
なななたなななななな
なななななななななな
なななななななななな
なななななななななな
なななななななななな
なななななななななな

❸
でででででででででで
でででででででででで
でででででででででで
でででででででででで
でででででででででで
でででででででででで
ででででづででででで
でででででででででで
でででででででででで

❹
はははははははははは
はははははははははは
はははははははははは
はははははははははは
はははははははけははは
はははははははははは
はははははははははは
はははははははははは
はははははははははは

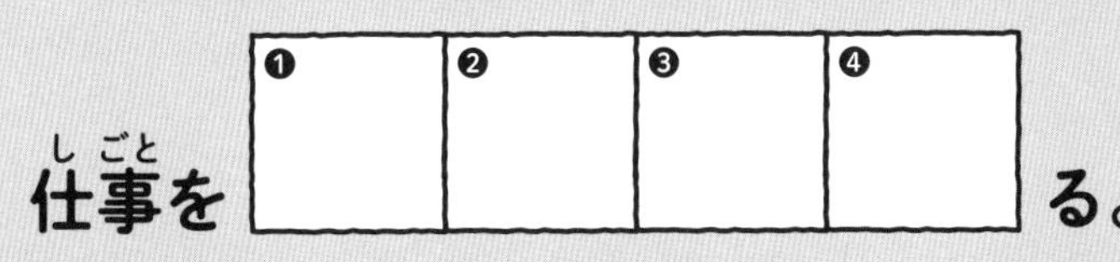

できる言葉の意味：物事を解決すること。終わらせること。

答えは130ページへ。

いも虫パズル 1

1～4までの数を、ひとつずつマスの中に入れよう。
○には2か4、□には1か3が入るんだ。
「>」と「<」の記号を見て、正しい数を入れてね。
同じ数は1回しか使えないよ。

>と<の意味

この記号は不等号といって、「小さい数」<「大きい数」になるよ。
「<」の形の開いている方に、大きい方の数が入るんだ。
例えば、「1 < 2」「4 > 3」となるよ。

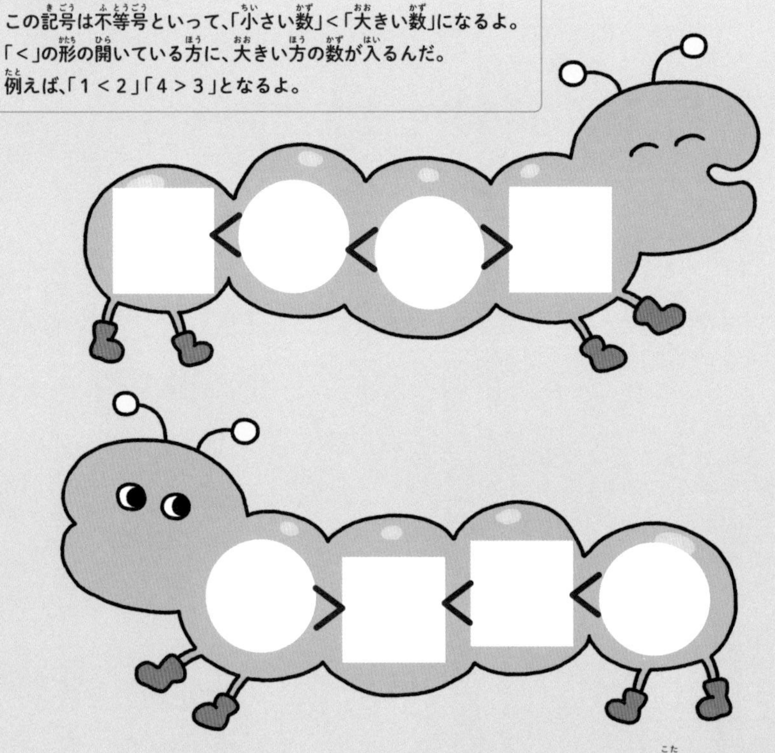

答えは132ページへ。

10のたし算リンク2

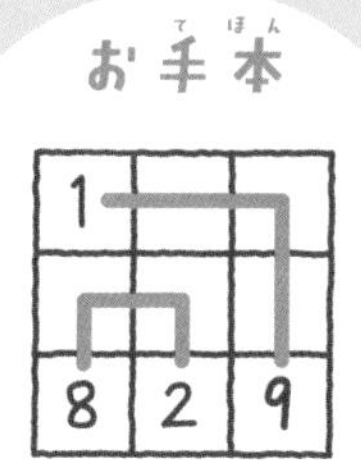

ふたつで一組になるように、
たして10になる数を線でつなごう。
線はすべてのマスを通ってね。ななめに進んではだめ。
同じマスは1回しか通れないよ。

6			7
	9	4	
	8	3	
1			2

答えは141ページへ。

慣用句めいろ1

「あ→し→を→す→く→う」の順番に
3回くり返して、スタートからゴールまで行こう。
すべてのマスを通らなくてもOK。ななめに進んではだめ。
同じマスは1回しか通れないよ。

足をすくう……相手のすきにつけこんで、失敗させたり負かしたりすること。

ごまをする……
人に気に入られるようなことを、
わざと言ったり行ったりすること。

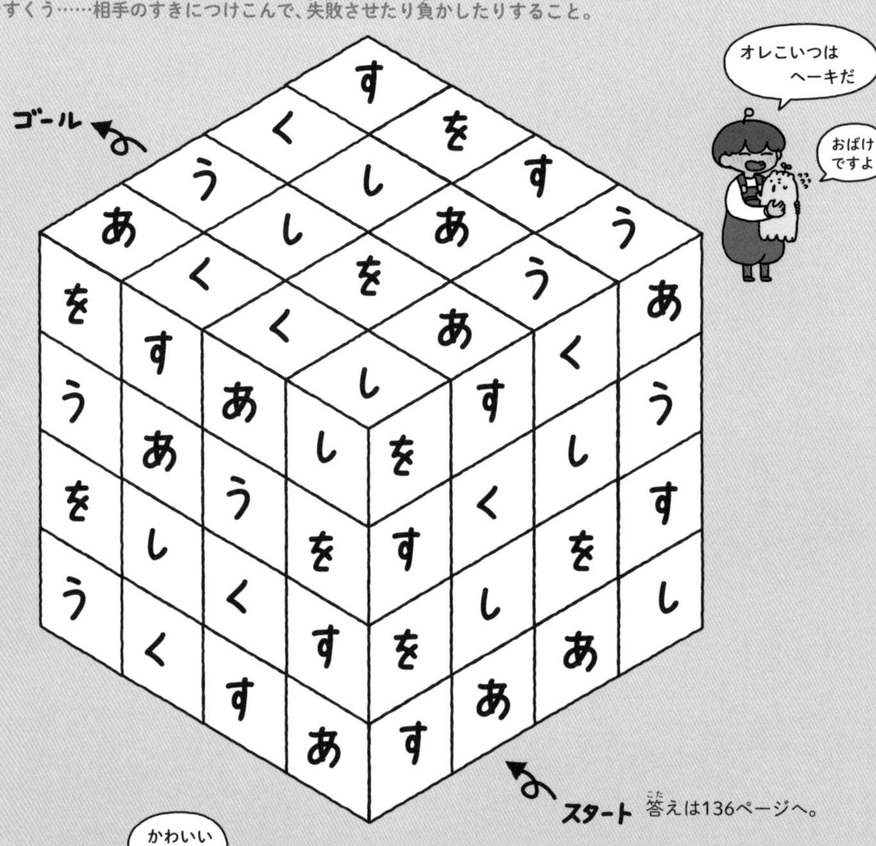

答えは136ページへ。

かわいい
もんな

数かぞえあみだくじ１

あみだくじの上にもの、下にはものの数え方が書いてあるよ。
ものとその数え方が正しくつながるように、線を２本かきたして、
あみだくじを完成させよう。

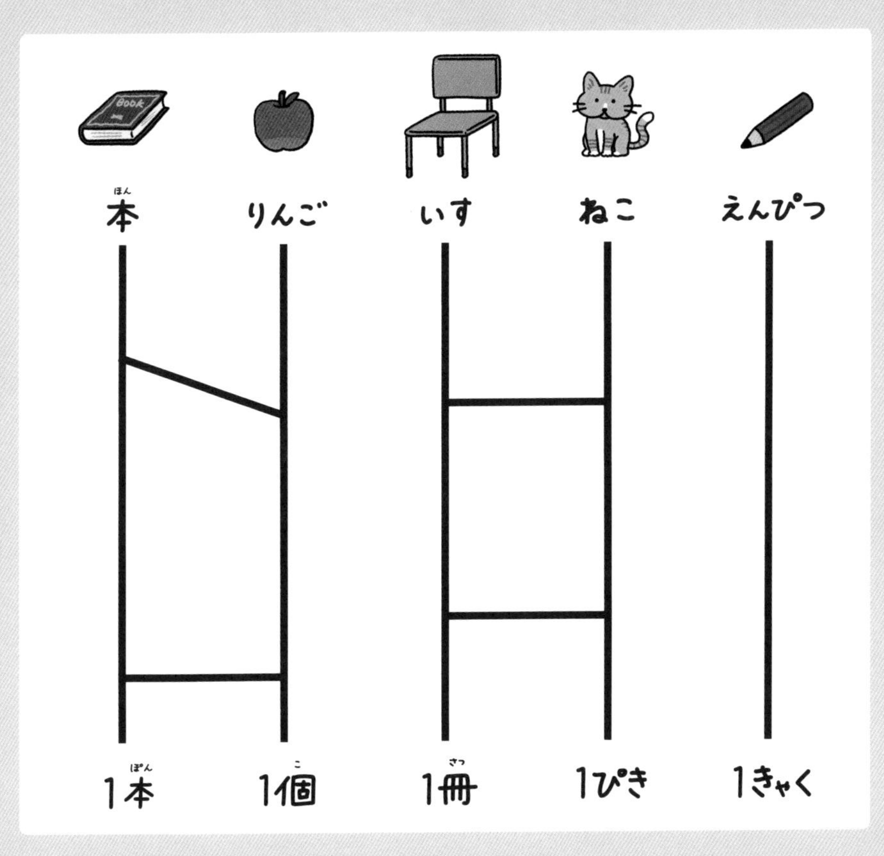

答えは140ページへ。

んあ？何か来た
なんだ〜？
ヒラ
ヒラ
ふわ
ギャアアア
こなを大量にかけるなああぁっ
キラキラ
ぽんっ
わ
お
羽がはえた…
くへないみふぁいふぁな（食えないみたいだな）
パタパタ
食うな

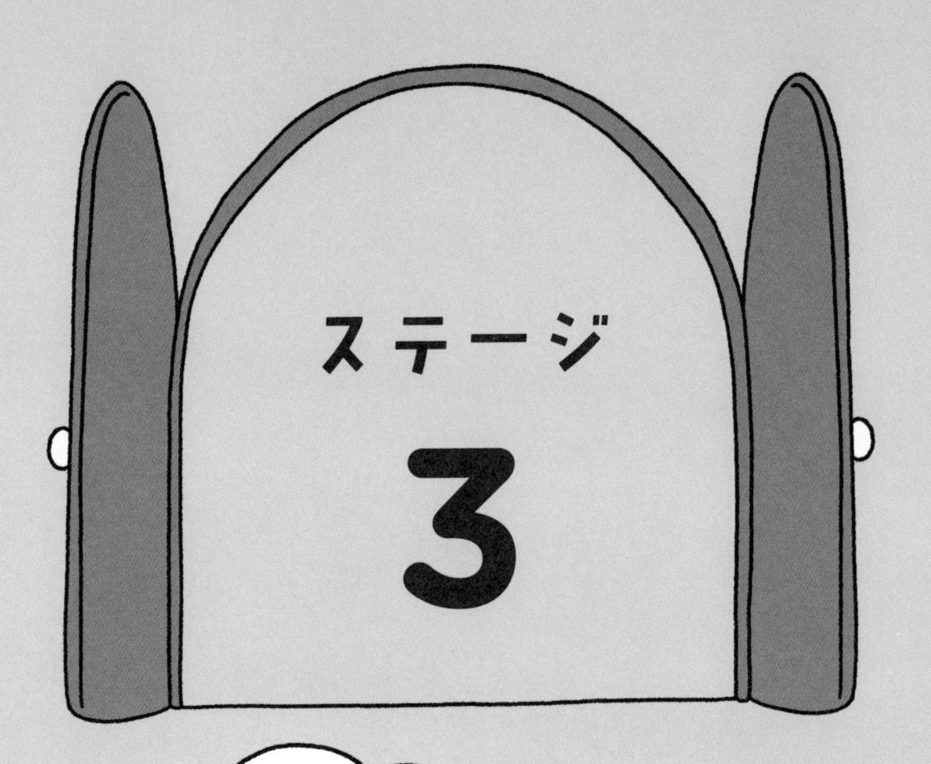

ここはようせいエリア。
いたずら好きな
ようせいたちとあそびながら
問題をとこうね。

イタズラは
オレも好き

宝石さがし２

スタートから、矢印の方向に１マスずつ進んでいこう。
最後はどの宝石にたどり着くかな？

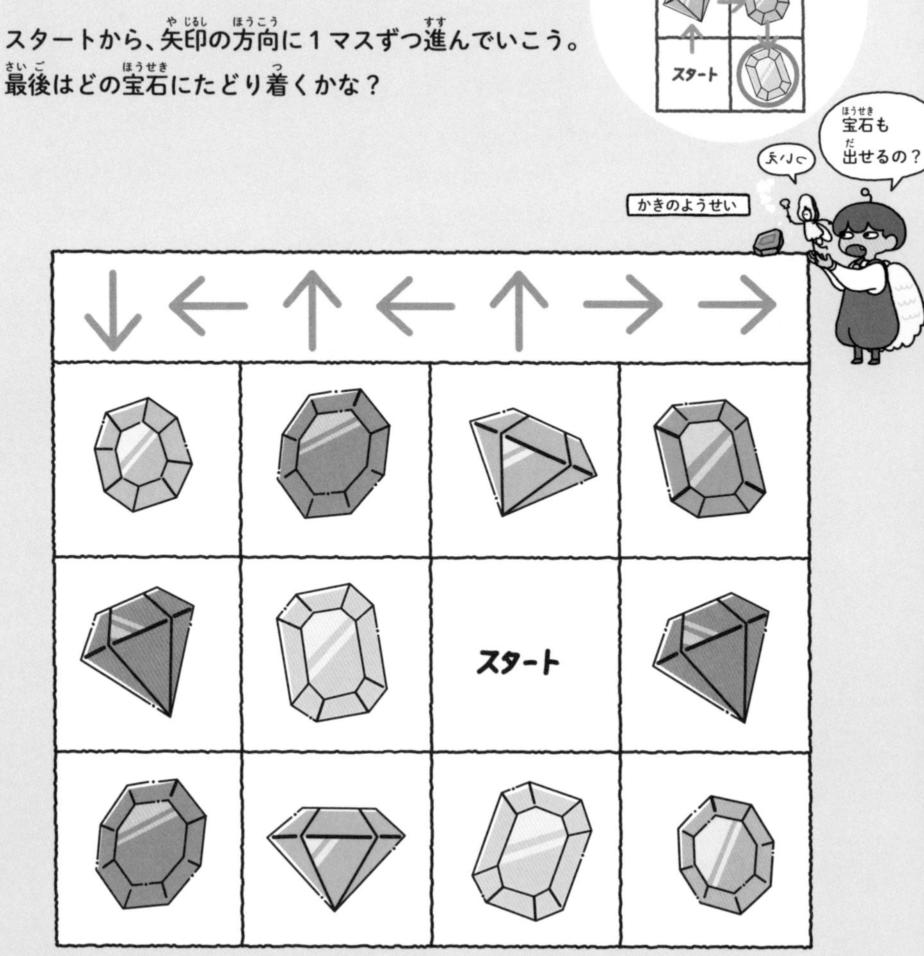

答えは125ページへ。

ダーツたし算2

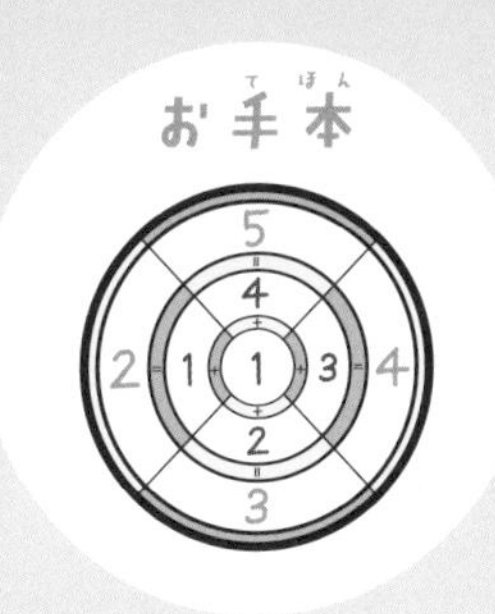

数が書かれたダーツがあるよ。
真ん中の数に、その周りの数をたすと、
答えは何になるかな？
外側の白いところに、答えを書いてね。

答えは141ページへ。

ことわざめいろ２

「め→の→う→え→の→こ→ぶ」の順番に２回くり返して、スタートからゴールまで行こう。すべてのマスを通らなくてもOK。ななめに進んではだめ。同じマスは１回しか通れないよ。

目の上のこぶ……地位や実力が自分よりも上で、自分の活動のじゃまになる人のたとえ。

ねこにこばん……どんなにりっぱなものをあげても、その人には価値がわからないことのたとえ。

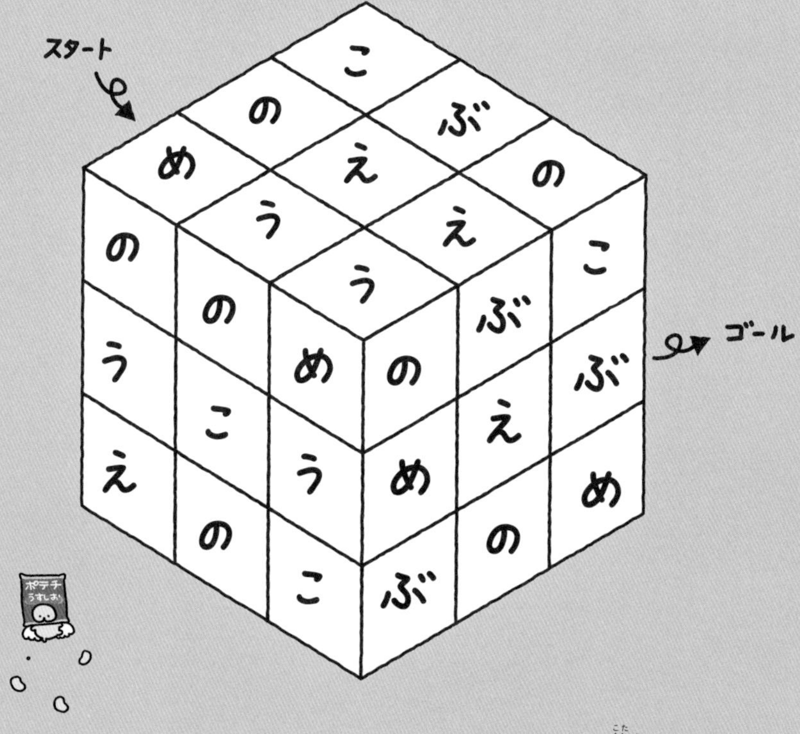

答えは129ページへ。

回転する漢字2

下の図形を、真ん中の線で回転させてみよう。
何の漢字がうかび上がるかな？

答えは131ページへ。

いも虫時計2

体が時計になっているいも虫がいるよ。
ひとつ目の時計から４時間ずつ進むように、時計の短い針をかいていってね。

答えは133ページへ。

3D白黒めいろ

白と黒をこうごに進んで、スタートからゴールまで行こう。
すべてのマスを通らなくてもOK。ななめに進んではだめ。
同じマスは1回しか通れないよ。

ギャハハ

ようせいって
イタズラ好きなんだ

答えは135ページへ。

エリアわけ2

お手本

春に関係ある言葉

お花見

お月見

どんぐり

秋に関係ある言葉

ひなまつり

七五三

野菜と果物をそれぞれまとめて、
ふたつのエリアにわけよう。
引ける線は1本だけで、とちゅうで2本にわかれてはだめだよ。
すべてのマスを通らなくてOK。線はななめには引けないよ。

粉まみれじゃ〜

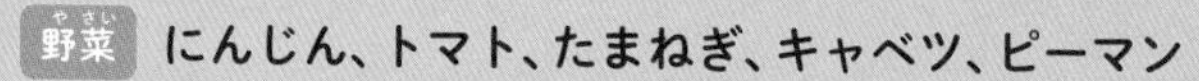

野菜 にんじん、トマト、たまねぎ、キャベツ、ピーマン

果物 バナナ、りんご、ぶどう、もも、みかん

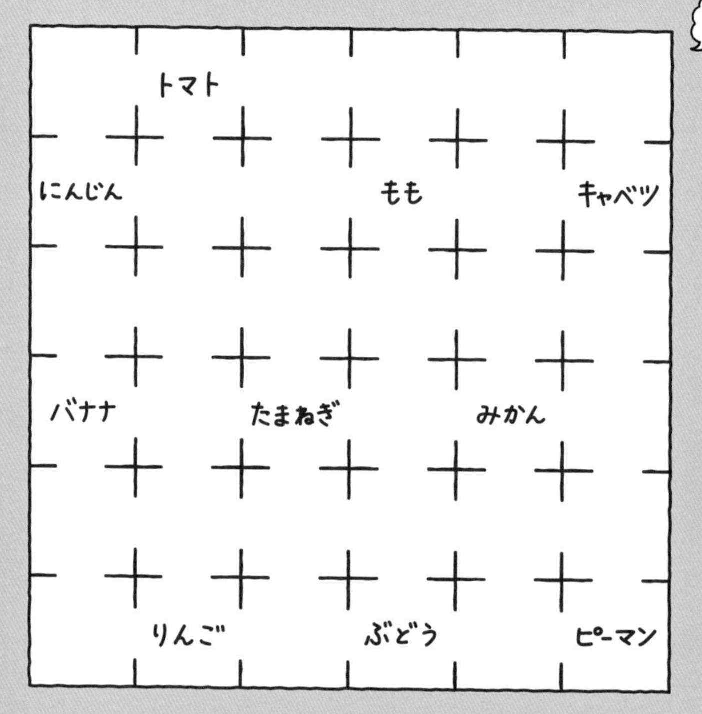

答えは137ページへ。

となり合わせパズル2

4つにわかれたマスの中で、同じ文字のひらがなやカタカナがとなり合うように、❶〜❸のブロックを入れてね。

お手本

や	さ		
し	い		

↓

や	さ	サ	し
し	い	い	ヤ
シ	イ	イ	や
や	サ	さ	シ

シ	ン		
ボ	ル		

❶

ル	し
ン	ぼ

❷

ボ	る
し	ん

❸

ン	ぼ
る	し

「シンボル」の意味：ある意味を持つ記号のこと。または、形のないものをわかりやすい物や人に置きかえて表すこと。

答えは139ページへ。

たし算ゆうびん2

手紙とポストを線でつなごう。
手紙とポストの数をたすと、どれも5になるようにしてね。

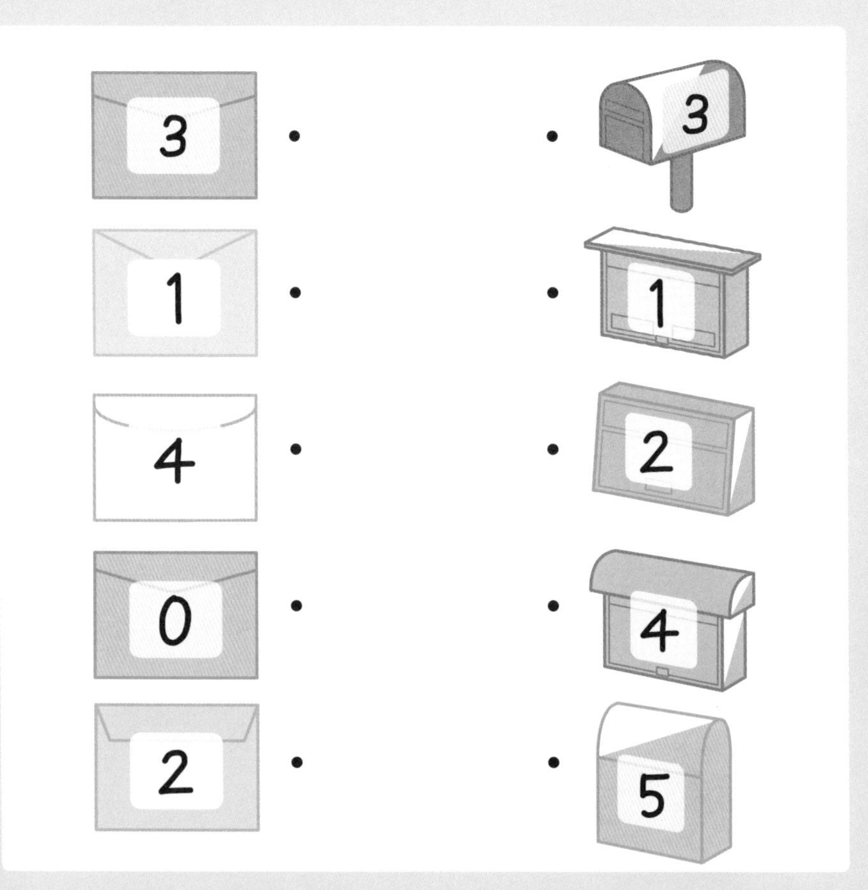

答えは140ページへ。

数字つなぎ2

1～7を順番に線でつなごう。
線はすべてのマスを通ってね。ななめに進んではだめ。
同じマスは1回しか通れないよ。

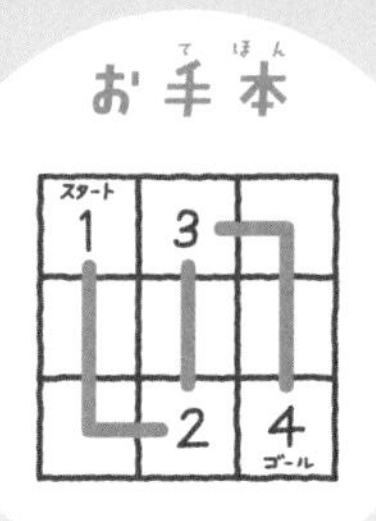

3			5
		4	
	スタート 1	ゴール 7	
2			6

答えは128ページへ。

慣用句さがしパズル2

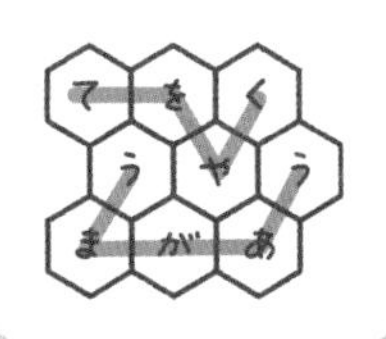

下の3つの慣用句やことわざをさがして、線でつなごう。
ひとつの言葉は、それぞれ1本の線でつながるよ。

元も子もない…何もかも失って、努力がむだになること。
水に流す…今までのけんかやいやなことをすべてなかったことにすること。
泣く子は育つ…よく泣く赤ちゃんは元気で、じょうぶに育つということ。

馬が合う……気が合うこと。
手を焼く……手間がかかって苦労すること。

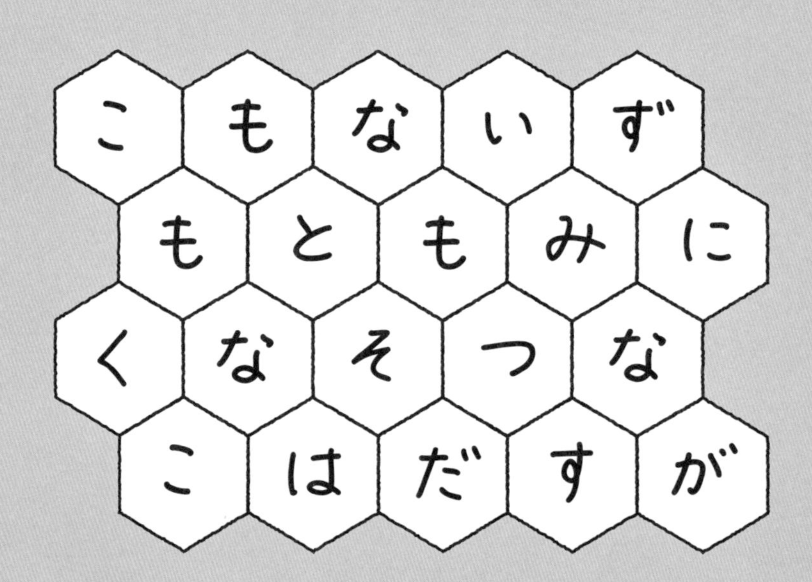

答えは132ページへ。

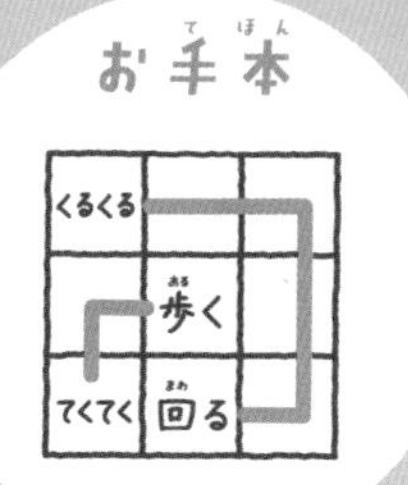

オノマトペリンク２

ふたつで一組になるように、
関係のある言葉を線でつなごう。
線はすべてのマスを通ってね。ななめに進んではだめ。
同じマスは１回しか通れないよ。

				ぶるぶる
すべる	すやすや			ねむる
		つるつる		
	ふるえる			

ちらっ

コアマ

空の上って
きもちいい〜

答えは134ページへ。

てんびんパズル1

1〜4までの数を、
ひとつずつてんびんのマスの中に入れよう。
○には2か4、□には1か3が入るんだ。
同じ数は1回しか使えないよ。
てんびんの真ん中には、
左右それぞれをたした数のちがいが書いてあるよ。

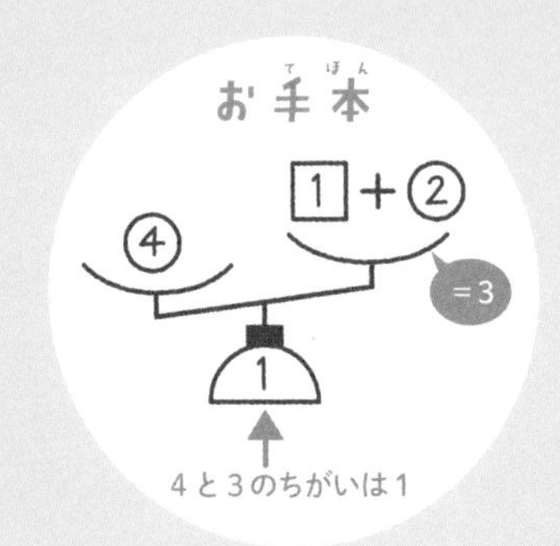

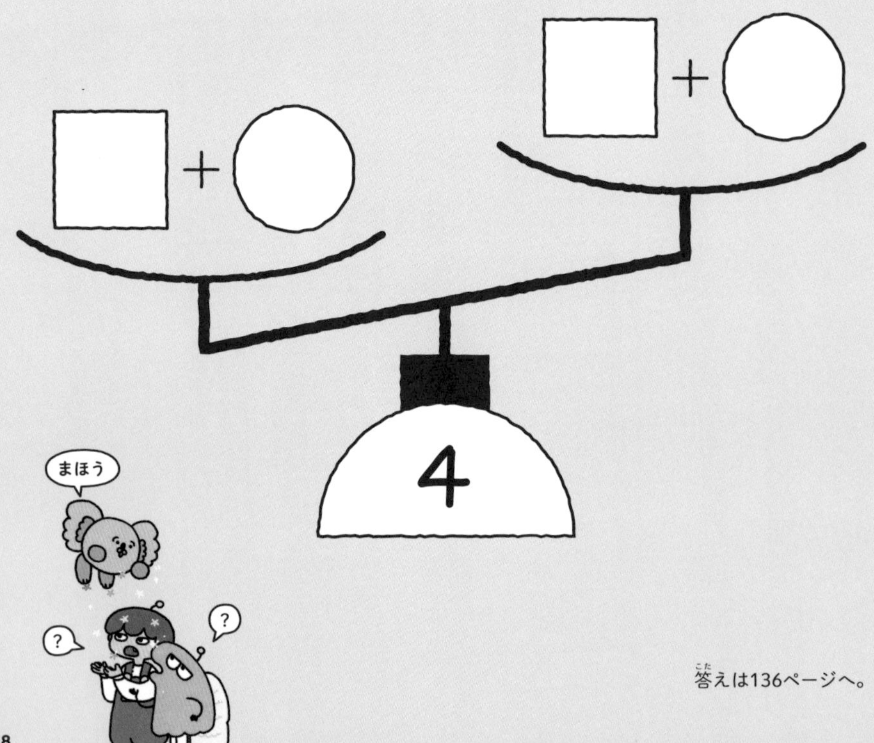

答えは136ページへ。

＋－ピラミッド3

空いているブロックの中に、＋か－を入れよう。
次のルールの通りに入れてね。

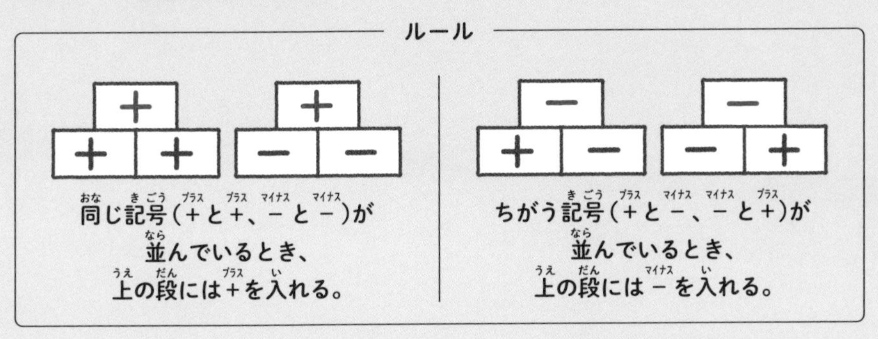

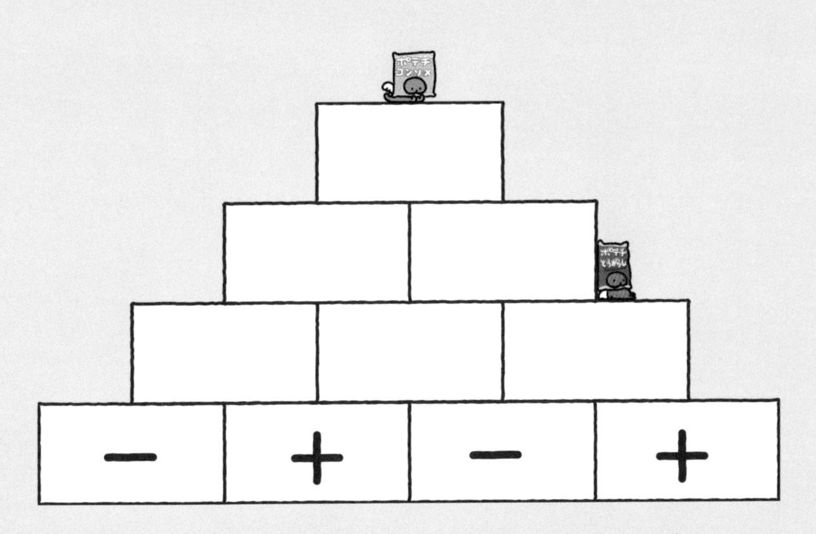

答えは138ページへ。

似ている言葉つなぎ2

ふたつで一組になるように、
よく似た意味の言葉を線でつなごう。
線はすべてのマスを通ってね。ななめに進んではだめ。
同じマスは1回しか通れないよ。

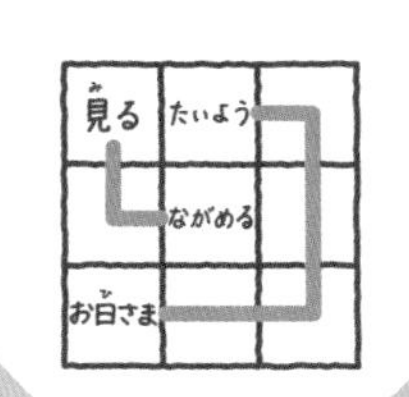

話す	ぬすむ			
			しゃべる	
	勉強		本日	
	今日		うばう	
				学習

答えは124ページへ。

重さ比べ2

天びんは重い方が下にしずむよ

ちょっと似てる

プレゼントの箱が、天びんにのっているよ。
3つのうち、いちばん重い箱に○をつけよう。

❶

いちばん重いものに○をしよう

❷

答えは126ページへ。

ダーツひき算2

数が書かれたダーツがあるよ。
真ん中の数から、その周りの数をひくと、
答えは何になるかな？
外側の白いところに、答えを書いてね。

答えは130ページへ。

数字の通り道2

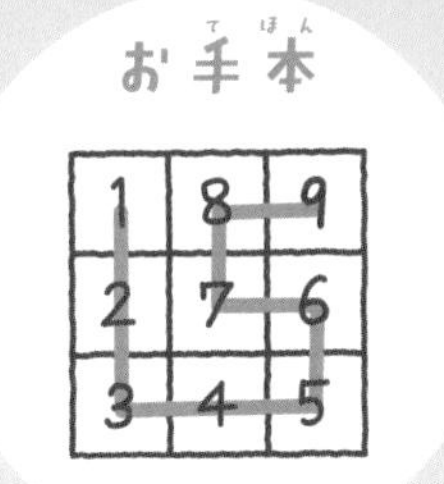

すでにマスの中に入っている数字をヒントにして、
すべてのマスを１～16の数字でうめよう。
１～16の数字は、つなげると１本の道になるよ。
１本の道は、ななめには進めないよ。

おにくくらげ

		16	
1			
6		12	

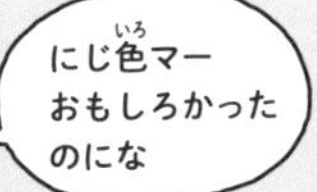

答えは129ページへ。

慣用句めいろ2

「う→わ→の→そ→ら」の順番に
3回くり返して、スタートからゴールまで行こう。
すべてのマスを通らなくてもOK。ななめに進んではだめ。
同じマスは1回しか通れないよ。

上の空……他のことに気を取られて、必要なことに注意が向かないようす。

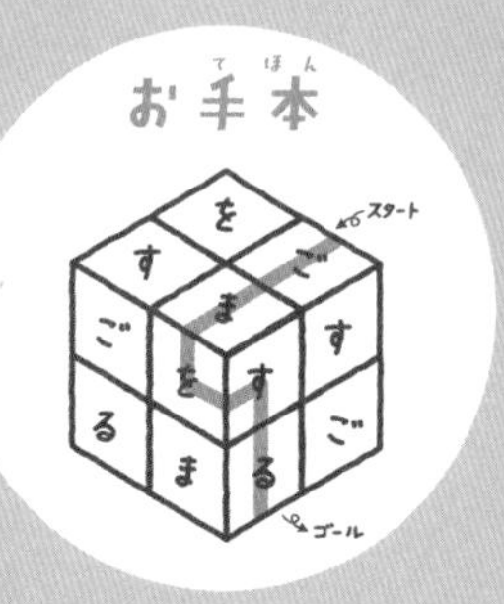

ごまをする……
人に気に入られるようなことを、
わざと言ったり行ったりすること。

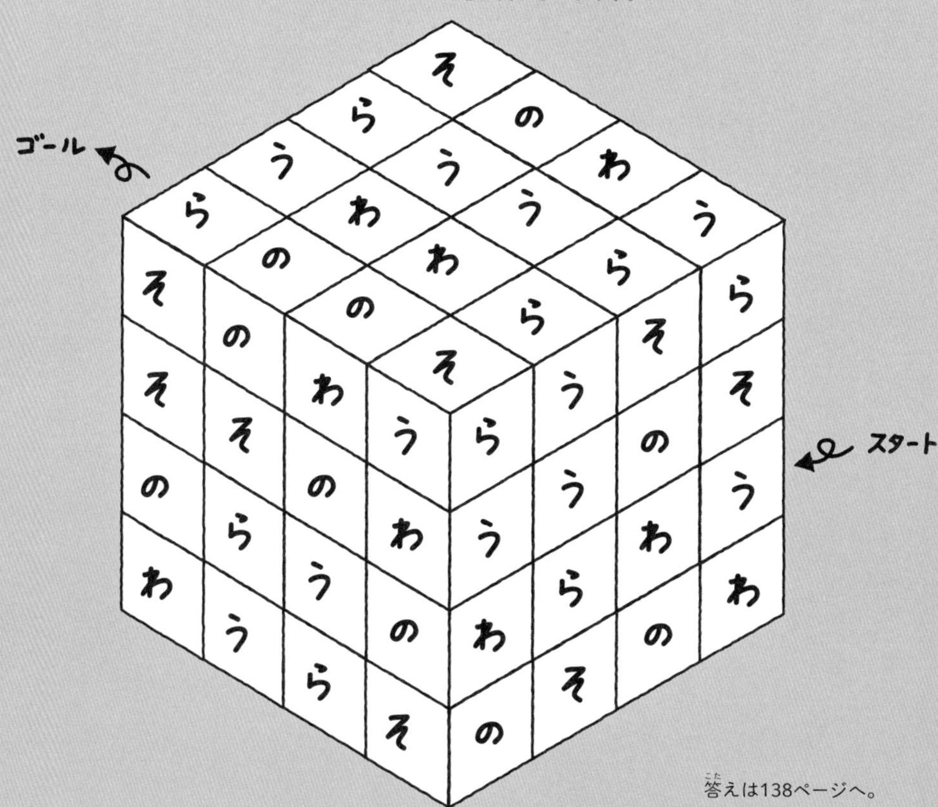

答えは138ページへ。

言葉つなぎ2

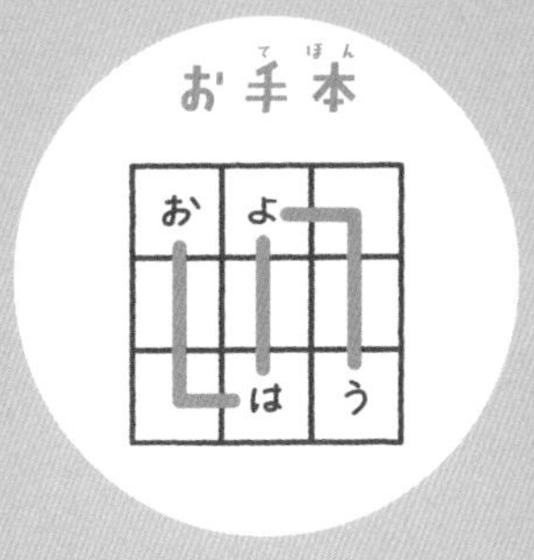

「ね」からスタートして、
「年中行事」の言葉になるように線でつなごう。
線はすべてのマスを通ってね。ななめに進んではだめ。
同じマスは1回しか通れないよ。

年中行事……毎年くり返される行事のこと。お正月、節分、七夕、お月見など。

ん		ち		じ
	う		ゅ	
				う
			ぎ	
ね	ょ			

ヒーとマー
たのしそ

あそんでる
だけでは
ないか？

待てー

答えは133ページへ。

あっ
あぁあ!!
羽の効果がきれた
オイラまた羽ほしいぜ
…てかさ…
おなかすいたぜ!
ん
おにくくらげ食べれなかったし
ヒー!!
あそこなんか
いい香りがするぜ
ウヒョー
なんだろう…
……!? では…
グルメ調査隊
参上!!
いつからグルメ調査隊になったんじゃ!?
ってかソッキンもいる…!?!?

ここでちょっと腹ごしらえ
ファンタジーエリアの
グルメをたのしみながら
問題をといてね。

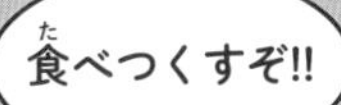

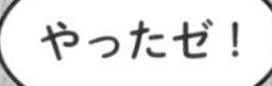

いも虫パズル2

1～4までの数を、ひとつずつマスの中に入れよう。
○には2か4、□には1か3が入るんだ。
「>」と「<」の記号を見て、正しい数を入れてね。
同じ数は1回しか使えないよ。

>と<の意味

この記号は不等号といって、「小さい数」<「大きい数」になるよ。
「<」の形の開いている方に、大きい方の数が入るんだ。
例えば、「1 < 2」「4 > 3」となるよ。

答えは137ページへ。

10のたし算リンク3

お手本

1		
8	2	9

ふたつで一組になるように、
たして10になる数を線でつなごう。
線はすべてのマスを通ってね。ななめに進んではだめ。
同じマスは１回しか通れないよ。

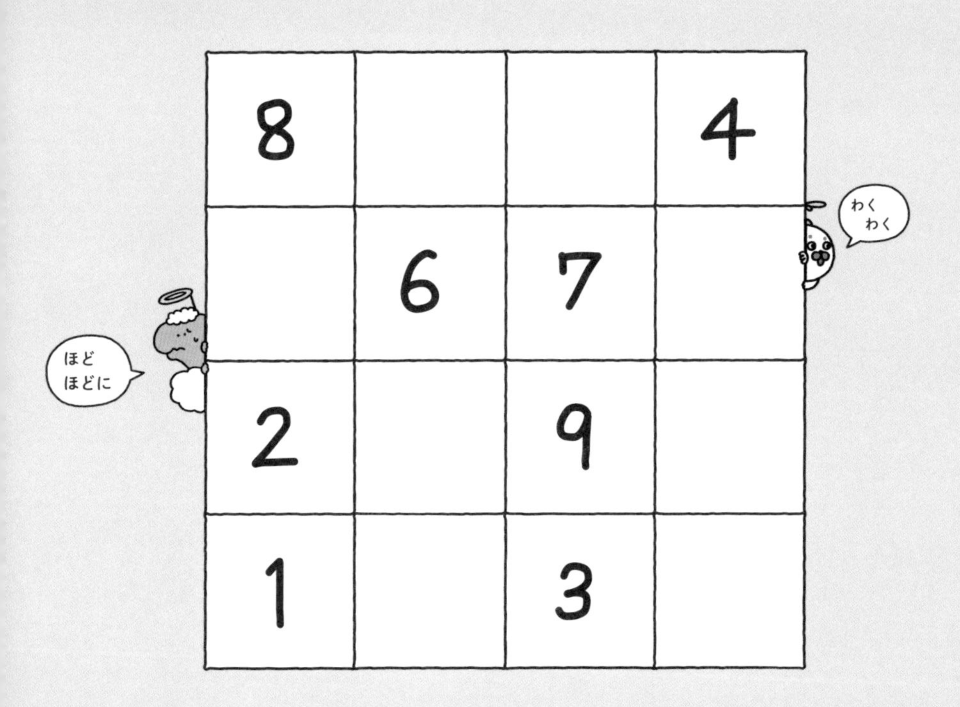

答えは139ページへ。

泳ぐのがはやいのは？3

金魚といかとくらげが泳ぎの競走をしたよ。
それぞれのはやさは、下に書いてある通り。
どの順番でゴールするかな？

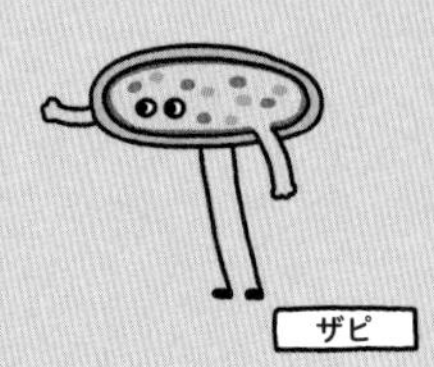

・いかはくらげよりおそい
・いかは金魚よりはやい

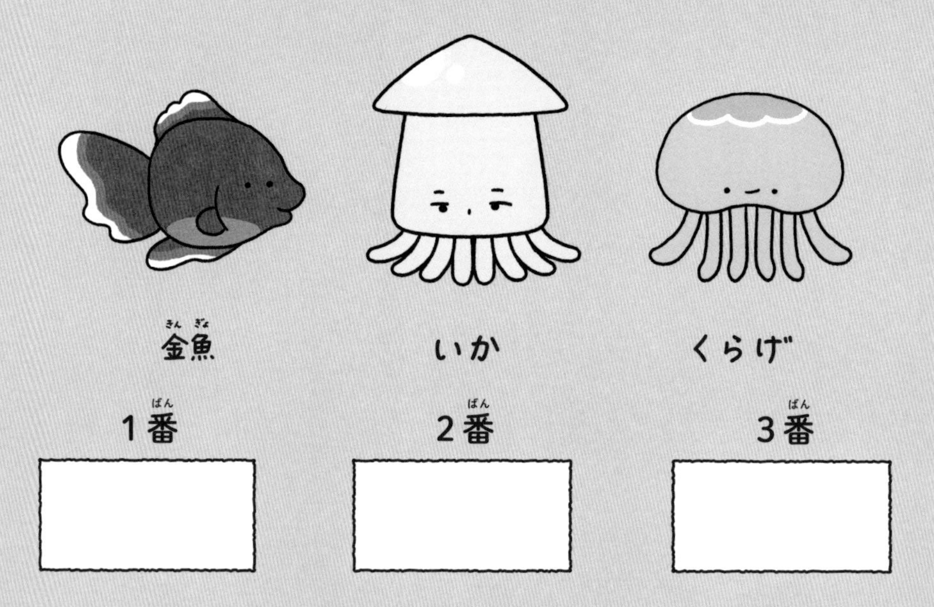

金魚　いか　くらげ

1番　2番　3番

答えは125ページへ。

同じ音をさがせ！2

五十音表で段が同じカタカナが、縦・横・ななめのどこか1列に並んでいるよ。
どこかさがして、1本線を引いてね。

答えは127ページへ。

数字めいろ２

１からスタートして、ゴールの29まで行こう。
１、３、５、７、９……と、ひとつずつ飛ばして進んでいってね。
すべてのマスを通らなくてもOK。ななめに進んではだめ。
同じマスは１回しか通れないよ。

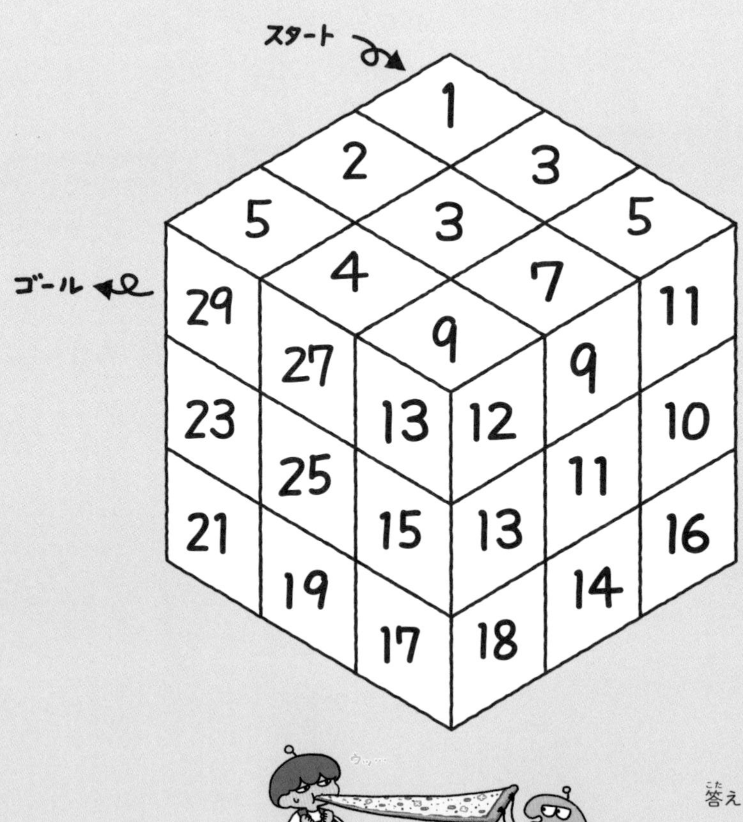

答えは131ページへ。

たして10になるのは？2

みんな４つの数が書いてある服を着ているよ。
４つの数をたすと10になる服を着ている子はだれかな？
ふたりいるよ。見つけたら、○をつけてね。

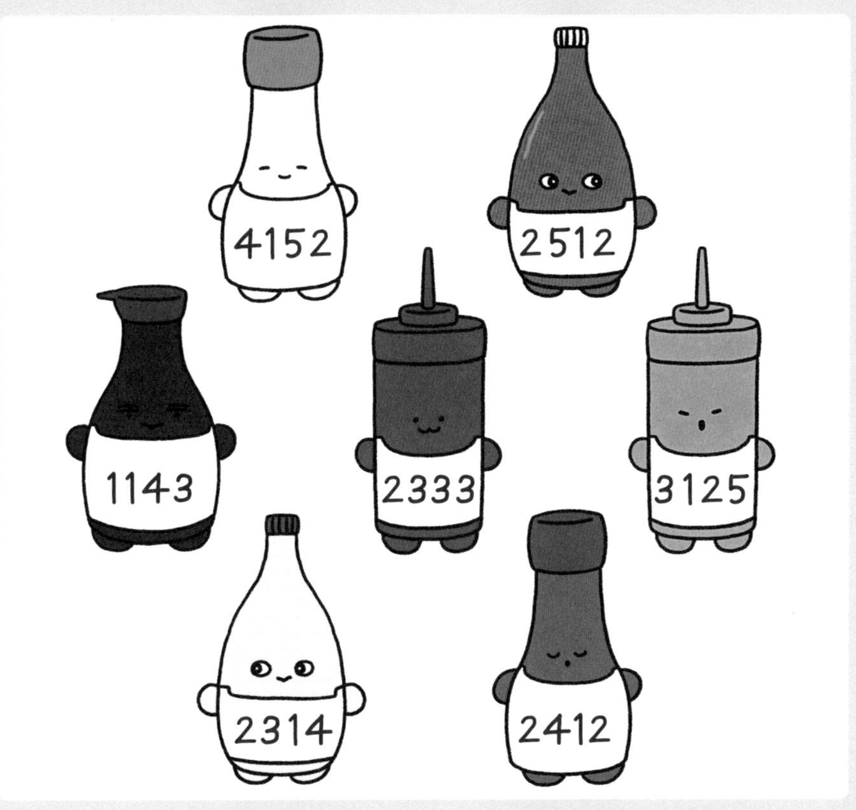

答えは128ページへ。

漢字点つなぎ2

1から25まで順番に線でつなぐと、漢字が出てくるよ。
何の漢字が出てくるかな？　25は1につなげてね。

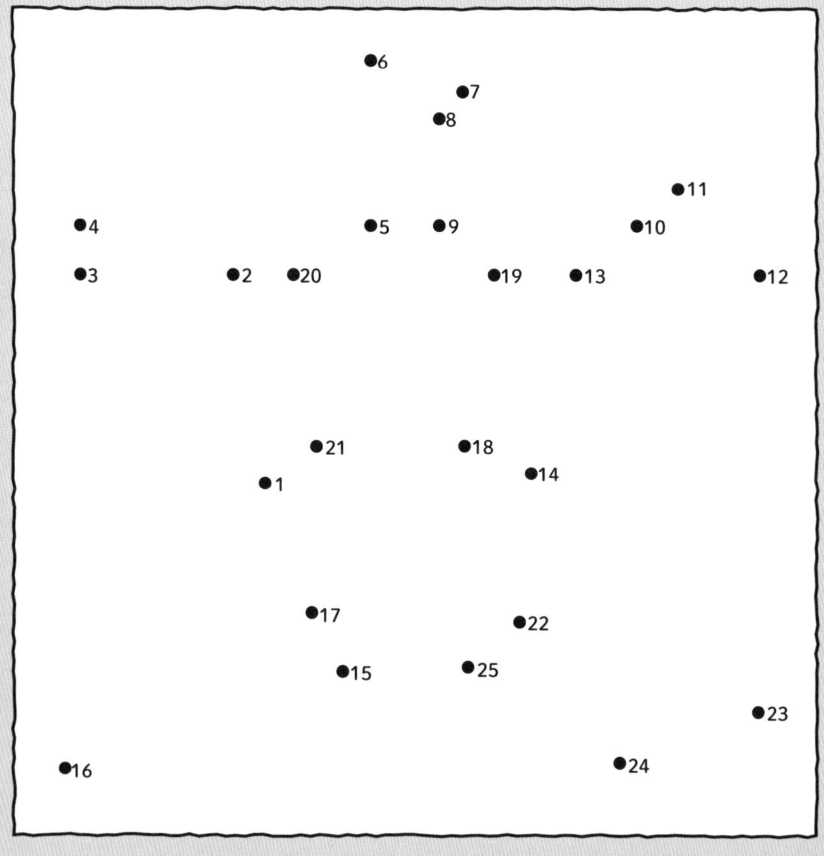

答えは132ページへ。

漢数字つなぎ2

漢数字とその読み方を線でつなごう。
線はすべてのマスを通ってね。ななめに進んではだめ。
同じマスは1回しか通れないよ。

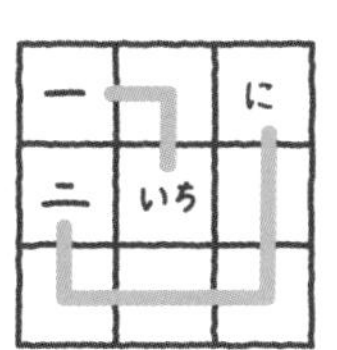

ニンニクマシ　ニンニクマシマシ　ニンニクマジマシマシ

さんじゅう				
			きゅうじゅういち	
		ろくじゅうよん		
		三十		六十四
九十一				

答えは134ページへ。

ドミノ筆算1

お手本

0 2
0 3 → 1 0
1 0　＋2 0
　　 3 0

筆算をバラバラにしたドミノがあるよ。
ドミノの向きはそのままで、
筆算の空いているマスに入れて、正しい計算にしてね。

答えは136ページへ。

フルーツめいろ2

4種類のフルーツのうち、2種類のフルーツだけを通って、スタートからゴールまで行こう。
ななめに進んではだめ。同じ道は1回しか通れないよ。

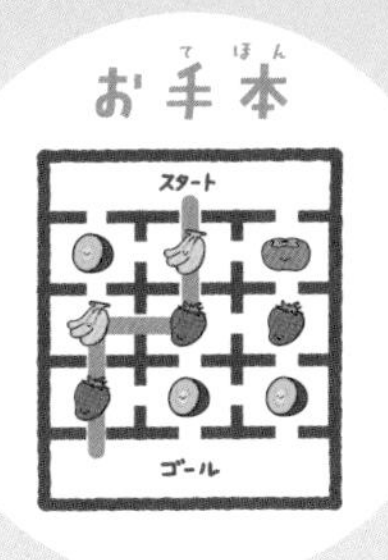

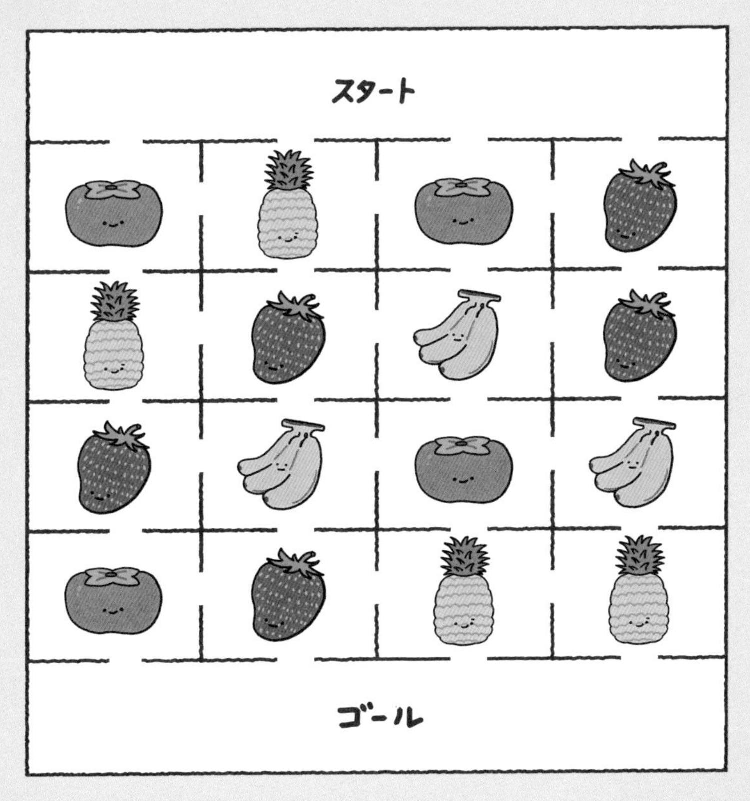

答えは138ページへ。

慣用句めいろ 3

「く→ち→を→つ→ぐ→む」の順番に
3回くり返して、スタートからゴールまで行こう。
すべてのマスを通らなくてもOK。ななめに進んではだめ。
同じマスは1回しか通れないよ。

口をつぐむ……口を閉じて何も言わないこと。だまること。

ごまをする……
人に気に入られるようなことを、
わざと言ったり行ったりすること。

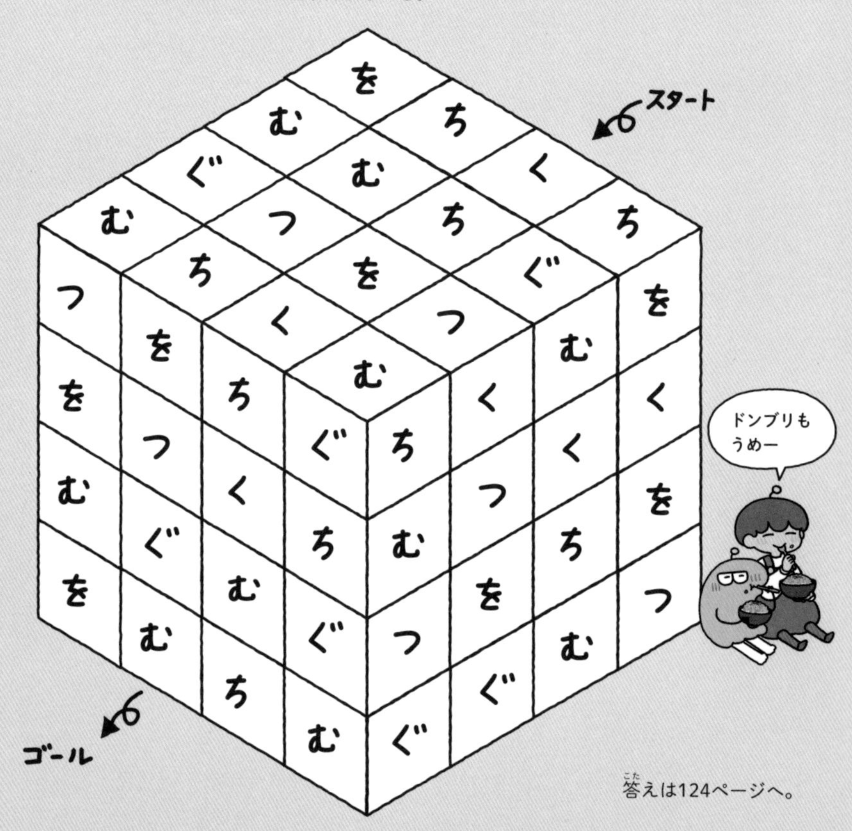

答えは124ページへ。

迷子はどの子？２

わたしの子はどこ？

シャケベイザメ

この中に、迷子がひとりいるよ。
お父さんが話している❶〜❸を読んで、見つけて、
○をつけてね。

❶ ブロックの上にいるよ。
❷ 虫取りあみは持っていないよ。
❸ ぼうしをかぶっている子のとなりにいるよ。

答えは126ページへ。

ダーツひき算3

数が書かれたダーツがあるよ。
真ん中の数から、その周りの数をひくと、
答えは何になるかな？
外側の白いところに、答えを書いてね。

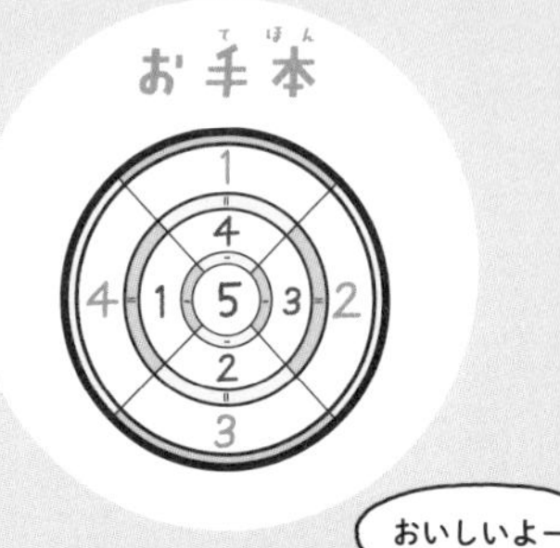

答えは130ページへ。

3D数字パズル2

空いているマスに1～4の数字を入れよう。
お手本のように、縦・横・面のそれぞれに、
1～4がひとつずつ入るよ。
すでに入っている数字がヒントになるよ。

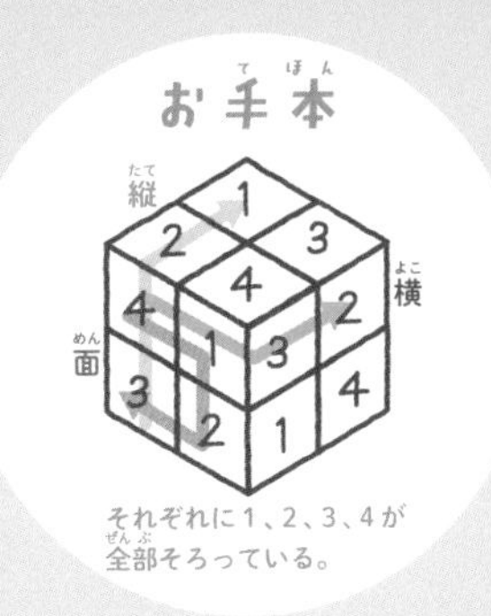

答えは129ページへ。

漢字パズル２

右と左から１個ずつ選んで、小学２年生までに習う漢字を３個作ろう。同じものは１回しか使えないよ。

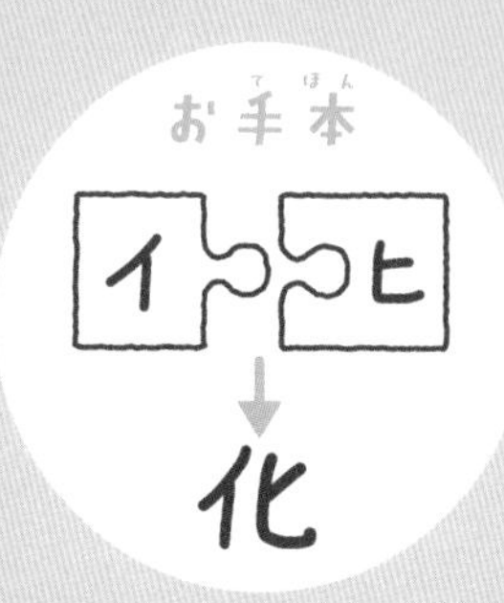

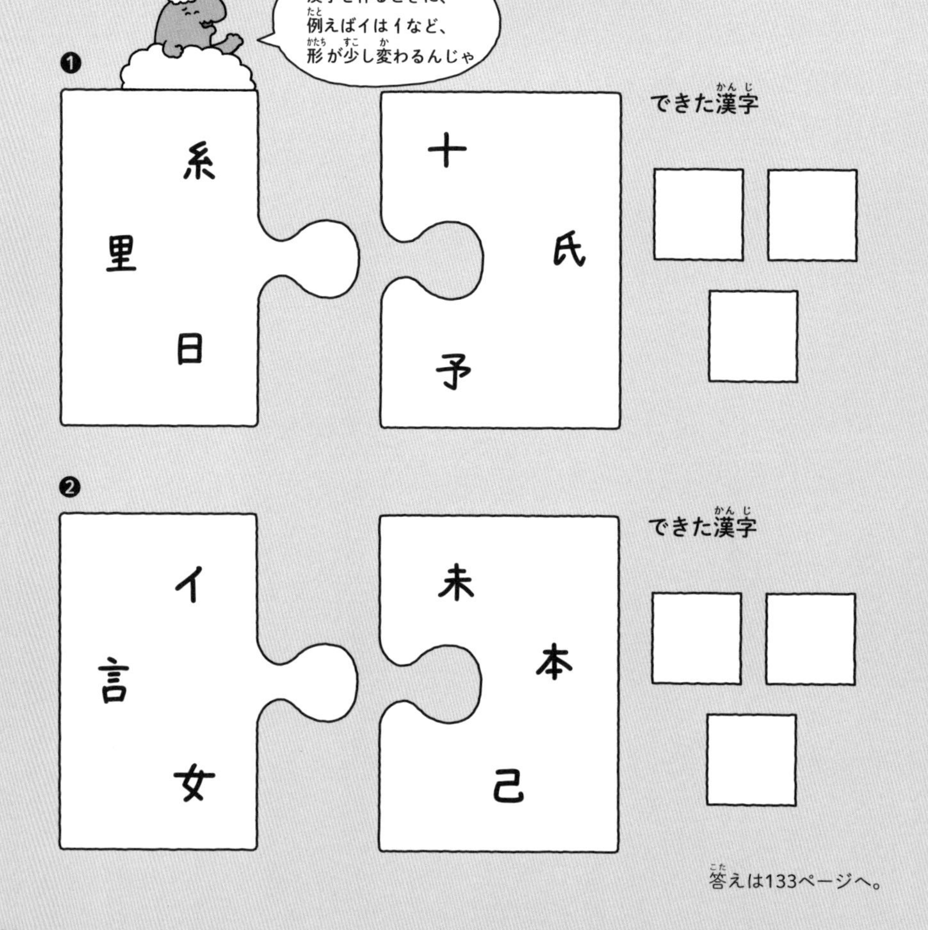

答えは133ページへ。

反対言葉つなぎ2

ふたつで一組になるように、
反対の意味の言葉を線でつなごう。
線はすべてのマスを通ってね。ななめに進んではだめ。
同じマスは１回しか通れないよ。

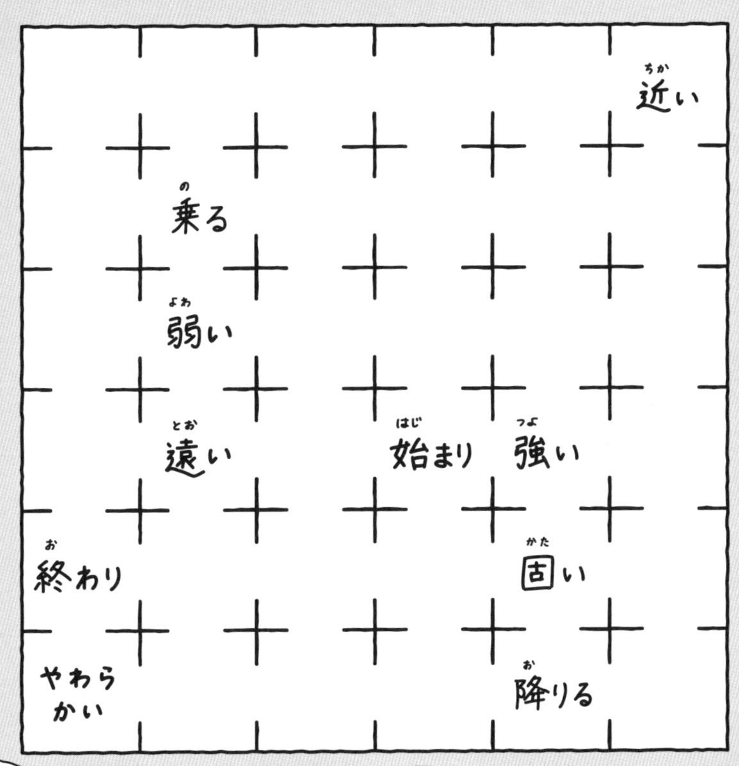

答えは135ページへ。

一本道2

今いるところよりひとつ大きい数か小さい数に進んで、
スタートからゴールまで行こう。
今いるところが2なら、ひとつ大きい3のマスか、
ひとつ小さい1のマスに進めるんだ。すべてのマスを通ってね。
ななめに進んではだめ。同じマスは1回しか通れないよ。

お手本

スタート 3		3
	4	
1 ゴール		2

スタート 6		3		4
	4		3	
5		2		1 ゴール

答えは137ページへ。

数合わせパズル

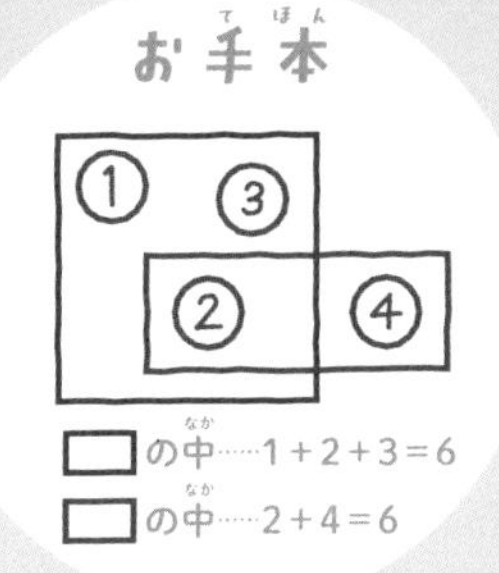

1～5までの数を○の中に入れよう。
それぞれの四角の中の数をたして、
答えがすべて同じになるようにしてね。
同じ数は1回しか使えないよ。

答えは139ページへ。

天才言葉集め2

それぞれの四角の中から、ひとつだけちがうひらがなを見つけて、下の❶〜❹に1文字ずつ入れてね。何という言葉になるかな？

❶
おおおおおおおおおお
おおおおおおおおおお
おおおおおおおおおお
おおまおおおおおおお
おおおおおおおおおお
おおおおおおおおおお
おおおおおおおおおお
おおおおおおおおおお
おおおおおおおおおお

❷
よよよよよよよよよよ
よよよよよよよよよよ
よよよよよよよよよよ
よよよよよよよよよよ
よよよよよよよよよよ
よよよよよよよよよよ
よよよよよよよよよよ
よよよよよよすよよよ
よよよよよよよよよよ

❸
るるるるるるるるるる
るるるるるるるるるる
るるるるるるるるるる
るるるるるまるるるる
るるるるるるるるるる
るるるるるるるるるる
るるるるるるるるるる
るるるるるるるるるる
るるるるるるるるるる

❹
ままままままままままま
ままままままままままま
ままままままままままま
ままままままままままま
ままままままままままま
ままままままままままま
ままままままままままま
まままずまままままままま
ままままままままままま

時間がたつにつれて

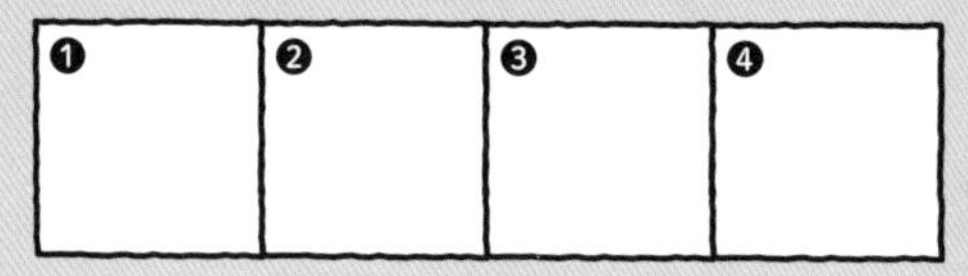

雨が強くなった。

できる言葉の意味：数や量が増えるようす。前よりももっと。

答えは125ページへ。

数かぞえあみだくじ2

あみだくじの上にもの、下にはものの数え方が書いてあるよ。
ものとその数え方が正しくつながるように、線を2本かきたして、
あみだくじを完成させよう。

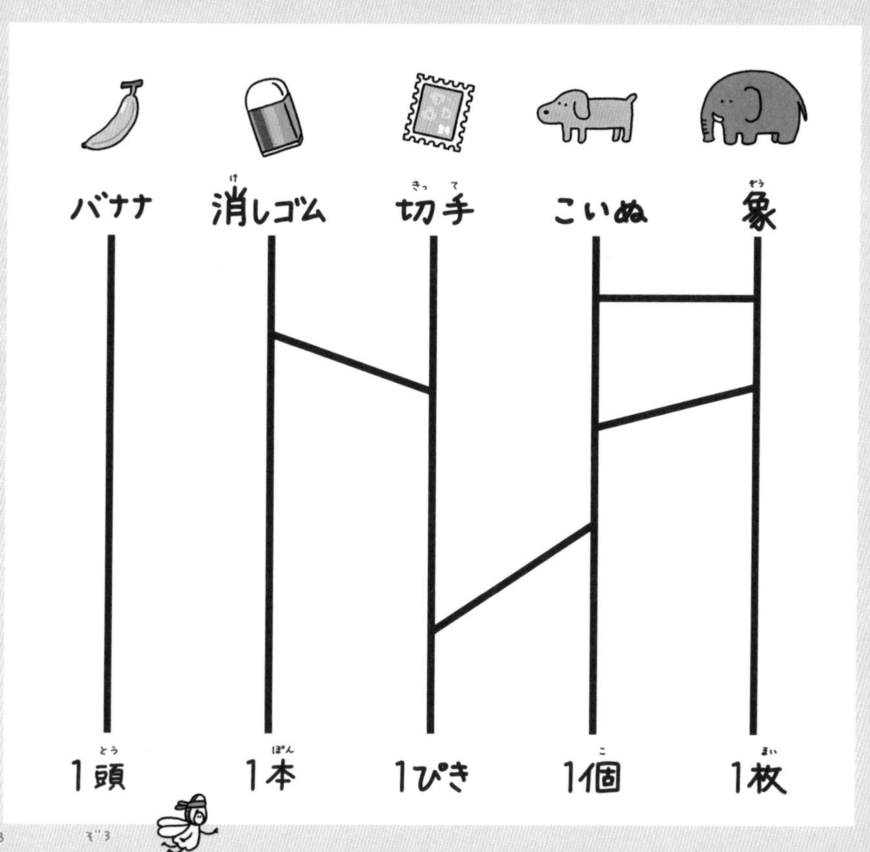

答えは127ページへ。

ん？各エリアのリーダーたちが集まってるぜ
ギャー ギャー
なんなんだろな…？
えええい なわばりが決まらないわ!!
モンスター代表
ゆにコーン
ここは公平に大運動会で決着をつけましょ
さんせー
おばけ&ようかい代表
ユキージョ
アロハ
賛成です
ようせい代表
かきのようせい
なわばり争いしてるのか…
この競技どう？
え、めっちゃいいじゃん
いいね～
パン食いも入れよー
はたして!!
どのチームが勝つのか!?

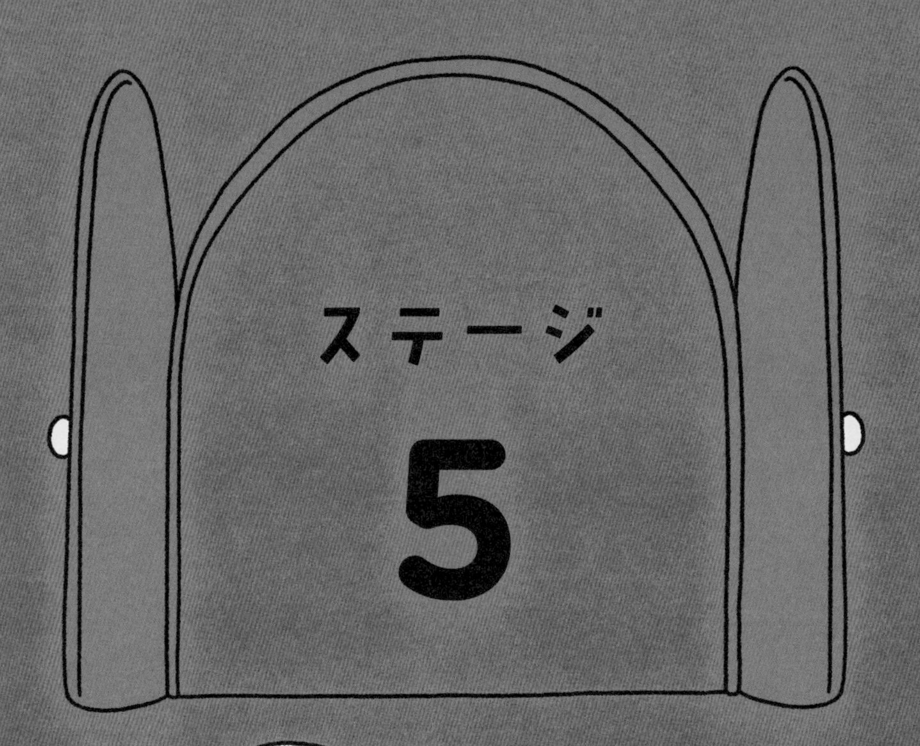

ステージ 5

最後はみんなで大運動会。
モンスター、おばけ＆ようかい、
ようせいのどのチームが勝つかな？
問題もちゃんととといてね。

オイラたちも
参加するのかな？

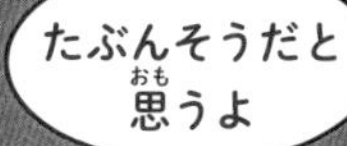

フルーツめいろ3

4種類のフルーツのうち、2種類のフルーツだけを通って、スタートからゴールまで行こう。
ななめに進んではだめ。同じ道は1回しか通れないよ。

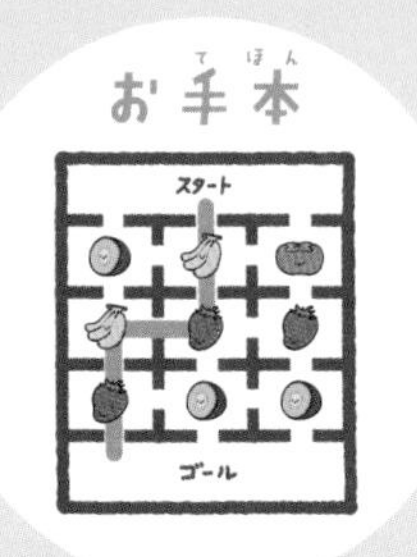

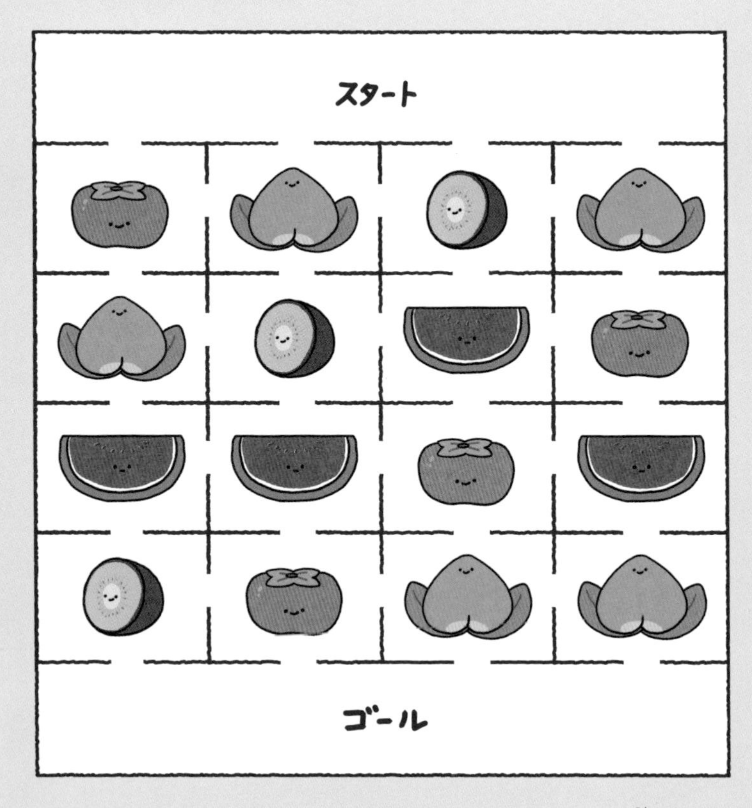

答えは131ページへ。

たし算ゆうびん 3

手紙とポストを線でつなごう。
手紙とポストの数をたすと、どれも５になるようにしてね。

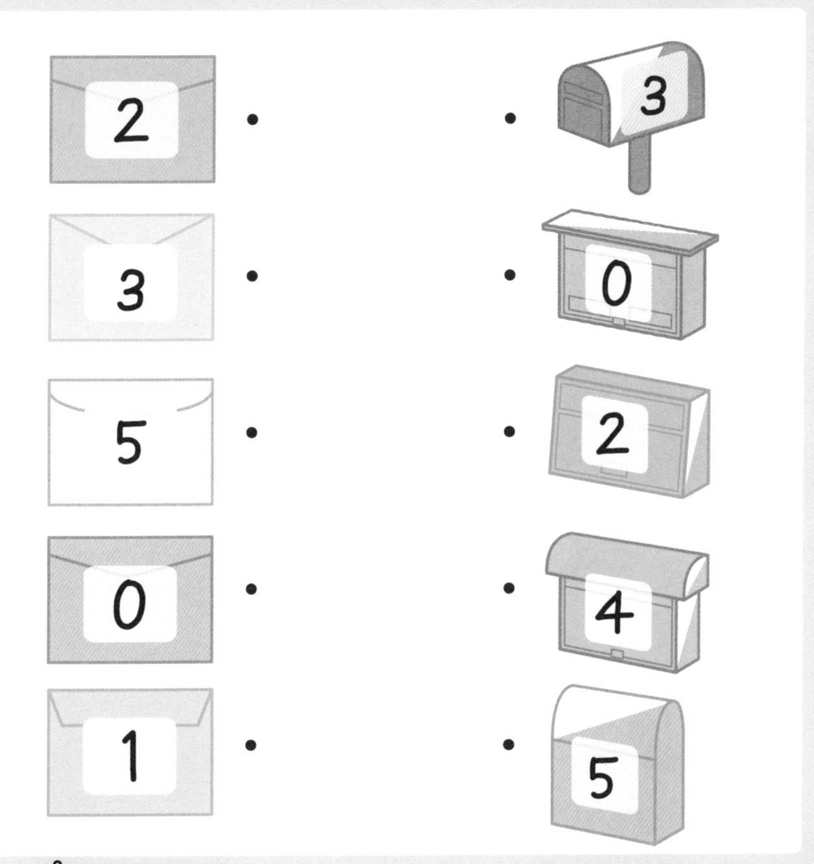

答えは128ページへ。

オノマトペリンク3

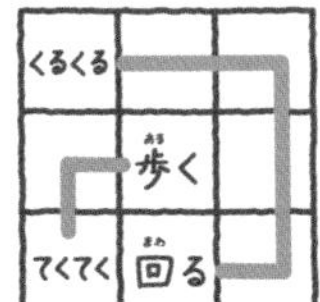

ふたつで一組になるように、
関係のある言葉を線でつなごう。
線はすべてのマスを通ってね。ななめに進んではだめ。
同じマスは1回しか通れないよ。

	おそい	にこにこ		
	緊張する			
のろのろ			笑う	ドキドキ

答えは132ページへ。

迷子はどの子？3

この中に、迷子がひとりいるよ。
お母さんが話している❶〜❸を読んで、見つけて、
◯をつけてね。

❶ 緑の服を着ているよ。
❷ ぼうしをかぶっているよ。
❸ 赤い服を着た子のとなりにいるよ。

フランケンの子
また迷子か、
心配じゃの

答えは127ページへ。

3D○△×めいろ2

○→△→×→○→……の順番に進んで、
スタートからゴールまで行こう。
すべてのマスを通らなくてもOK。ななめに進んではだめ。
同じマスは1回しか通れないよ。

答えは136ページへ。

たして10になるのは？3

みんな４つの数が書いてある服を着ているよ。
４つの数をたすと10になる服を着ている子はだれかな？
ふたりいるよ。見つけたら、○をつけてね。

答えは138ページへ。

泳ぐのがはやいのは？4

かめといかとえびが泳ぎの競走をしたよ。
それぞれのはやさは、下に書いてある通り。
どの順番でゴールするかな？

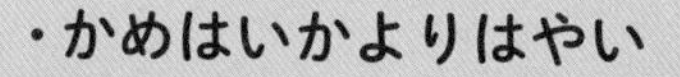
・かめはいかよりはやい

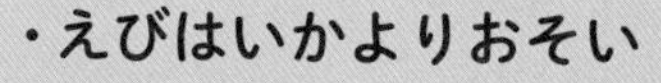
・えびはいかよりおそい

答えは124ページへ。

エリアわけ3

お手本

春に関係ある言葉

秋に関係ある言葉

お花見

お月見

どんぐり

ひなまつり

七五三

植物とこん虫をそれぞれまとめて、
ふたつのエリアにわけよう。
引ける線は1本だけで、とちゅうで2本にわかれてはだめだよ。
すべてのマスを通らなくてOK。線はななめには引けないよ。

植物 ひまわり、ススキ、あじさい、たんぽぽ、朝顔

こん虫 ちょうちょ、ホタル、てんとう虫、トンボ、クワガタ

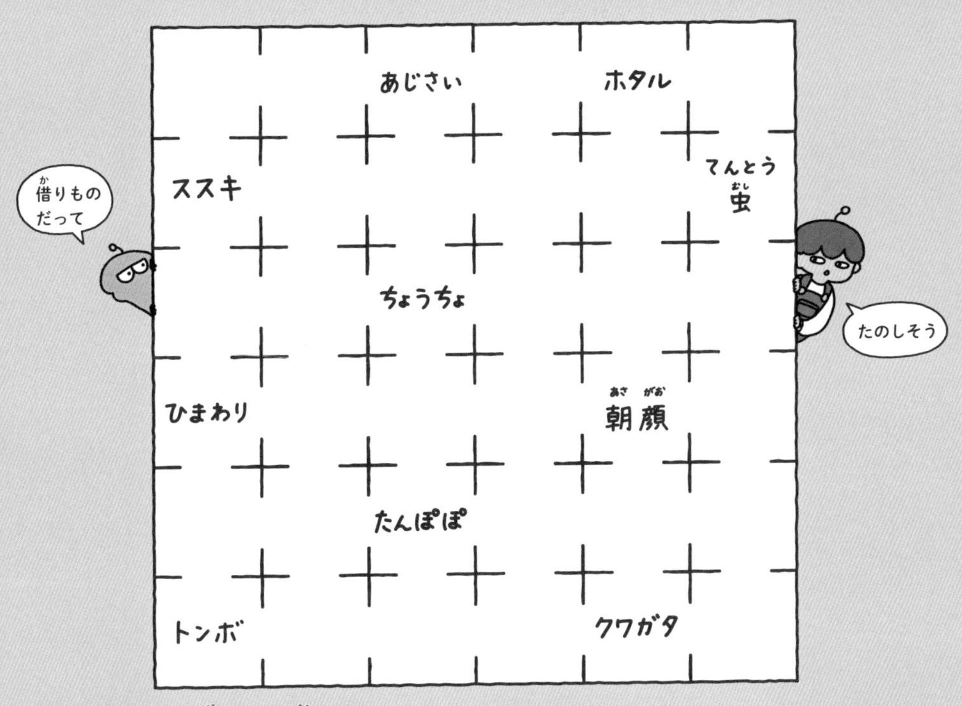

答えは126ページへ。

ハニカムたし算パズル2

ミツバチをそれぞれの部屋に入れよう。
左右にとなり合ったふたつの数をたして、
たした答えの数を、その下に入れてね。
正しい計算になるように、すべてのミツバチを使ってね。

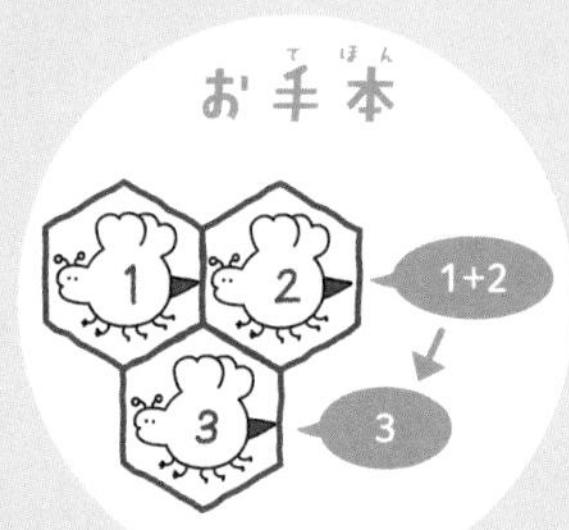

答えは130ページへ。

宝石さがし３

スタートから、矢印の方向に１マスずつ進んでいこう。
最後はどの宝石にたどり着くかな？

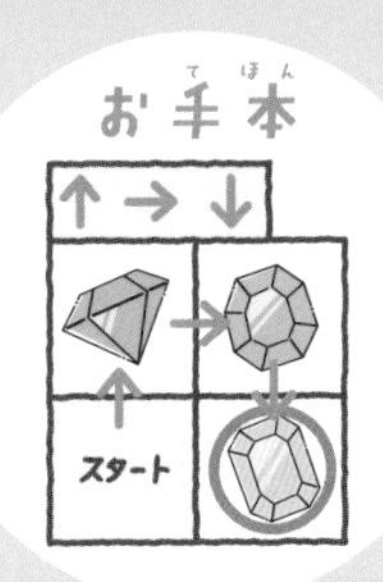

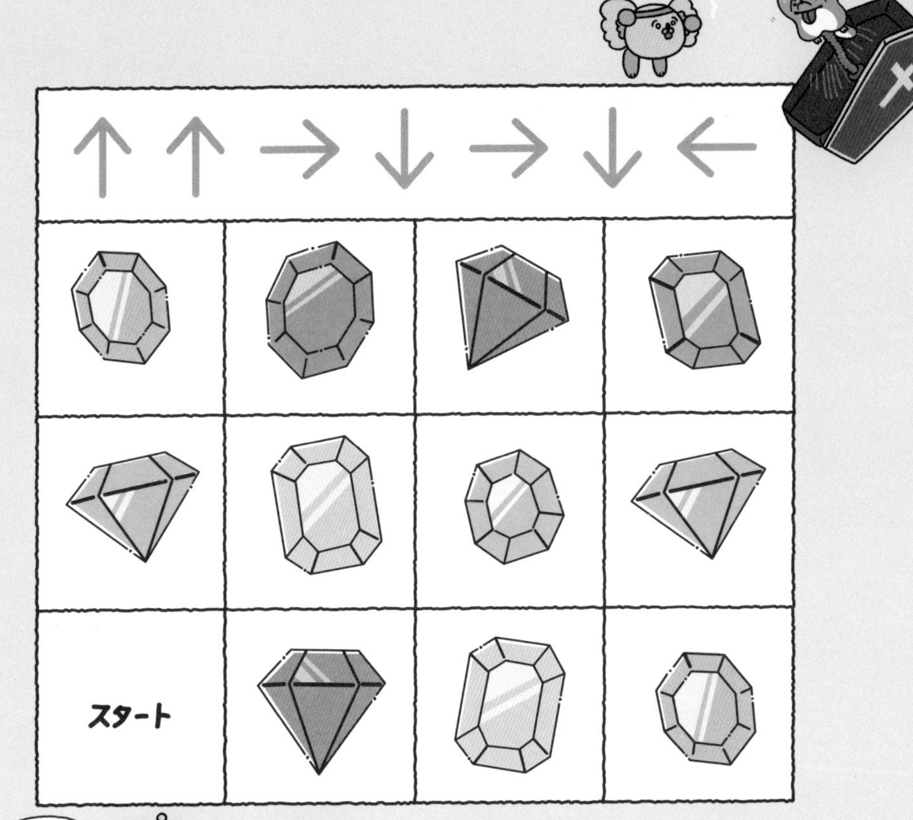

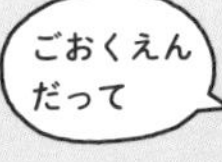

答えは129ページへ。

言葉つなぎ3

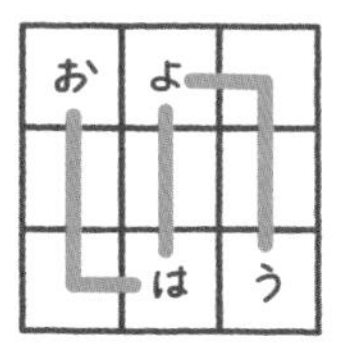

「じ」からスタートして、
「十人十色」の言葉になるように線でつなごう。
線はすべてのマスを通ってね。ななめに進んではだめ。
同じマスは1回しか通れないよ。

十人十色……好みや考え方が、人によってそれぞれちがっていること。

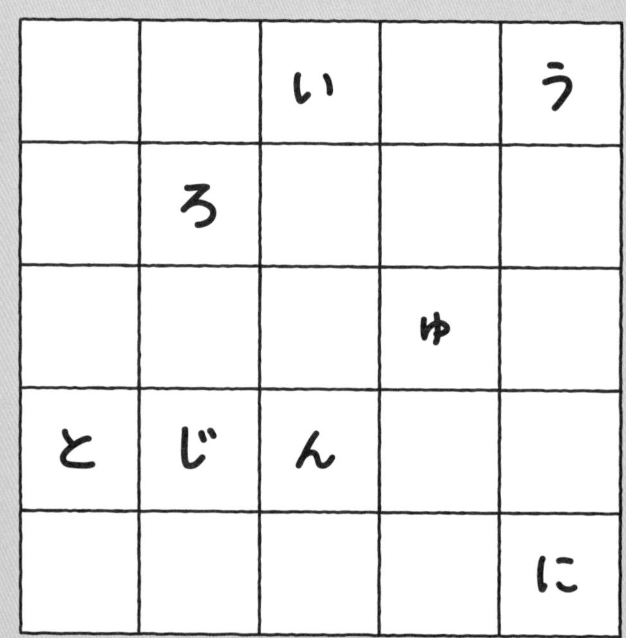

		い		う
	ろ			
			ゅ	
と	じ	ん		
				に

答えは133ページへ。

漢字パズル3

右と左から1個ずつ選んで、小学2年生までに習う漢字を3個作ろう。同じものは1回しか使えないよ。

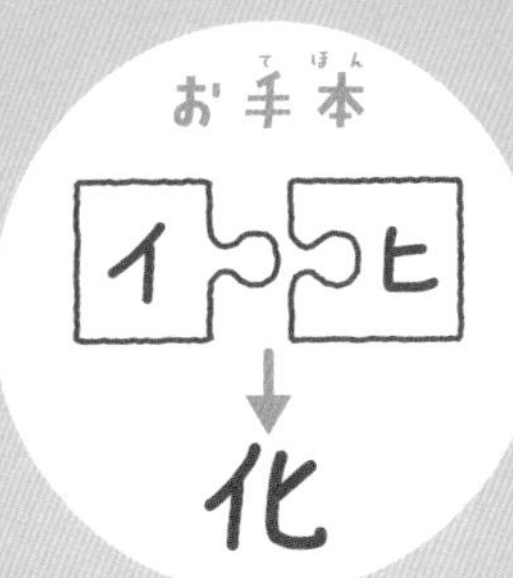

答えは135ページへ。

いも虫時計3

体が時計になっているいも虫がいるよ。
ひとつ目の時計から7時間ずつ進むように、時計の短い針をかいていってね。

答えは137ページへ。

ダーツたし算3

数が書かれたダーツがあるよ。
真ん中の数に、その周りの数をたすと、
答えは何になるかな？
外側の白いところに、3つの数をたした答えを書いてね。

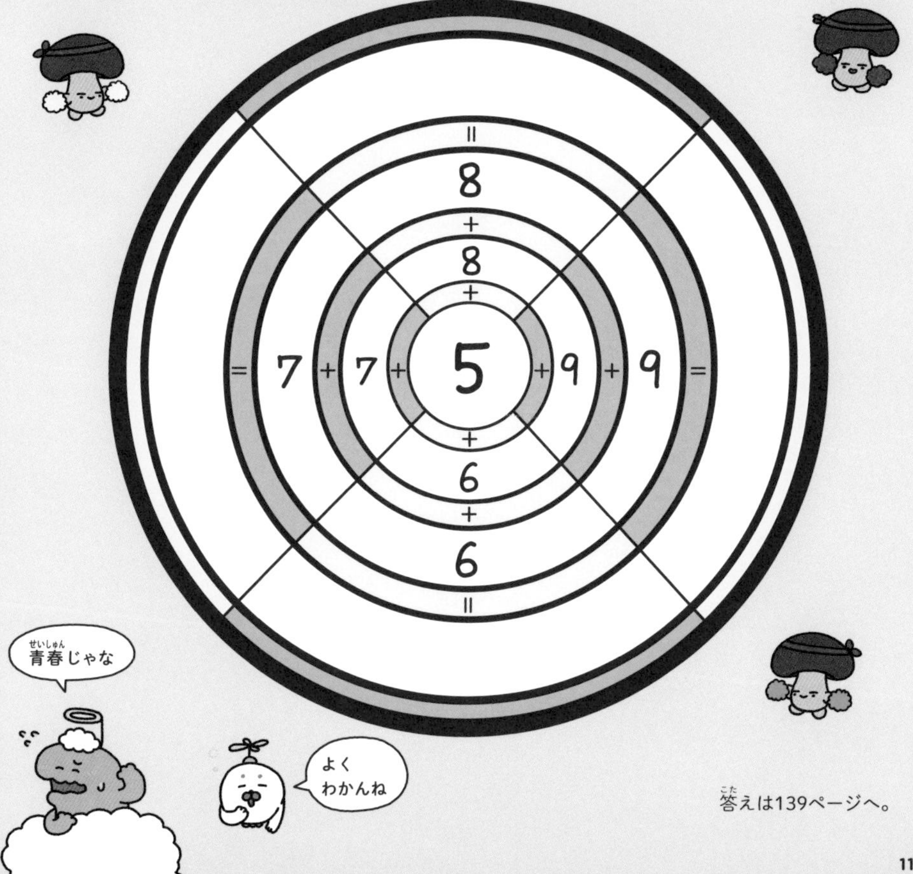

答えは139ページへ。

ことわざめいろ3

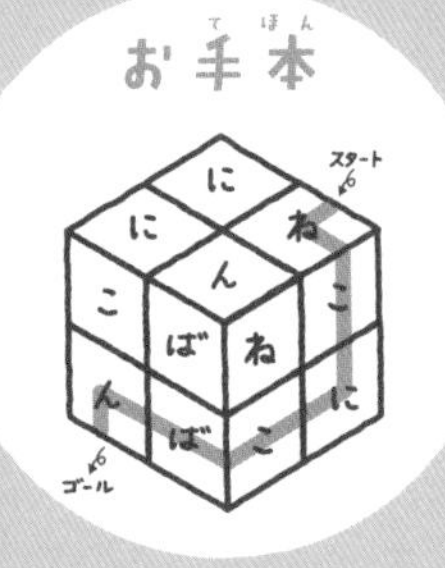

「み→か→ら→で→た→さ→び」の順番に
2回くり返して、スタートからゴールまで行こう。
すべてのマスを通らなくてもOK。ななめに進んではだめ。
同じマスは1回しか通れないよ。

身から出たさび……自分がした悪いことが原因で、あとで自分が苦しむことのたとえ。

ねこにこばん……どんなにりっぱなものをあげても、その人には価値がわからないことのたとえ。

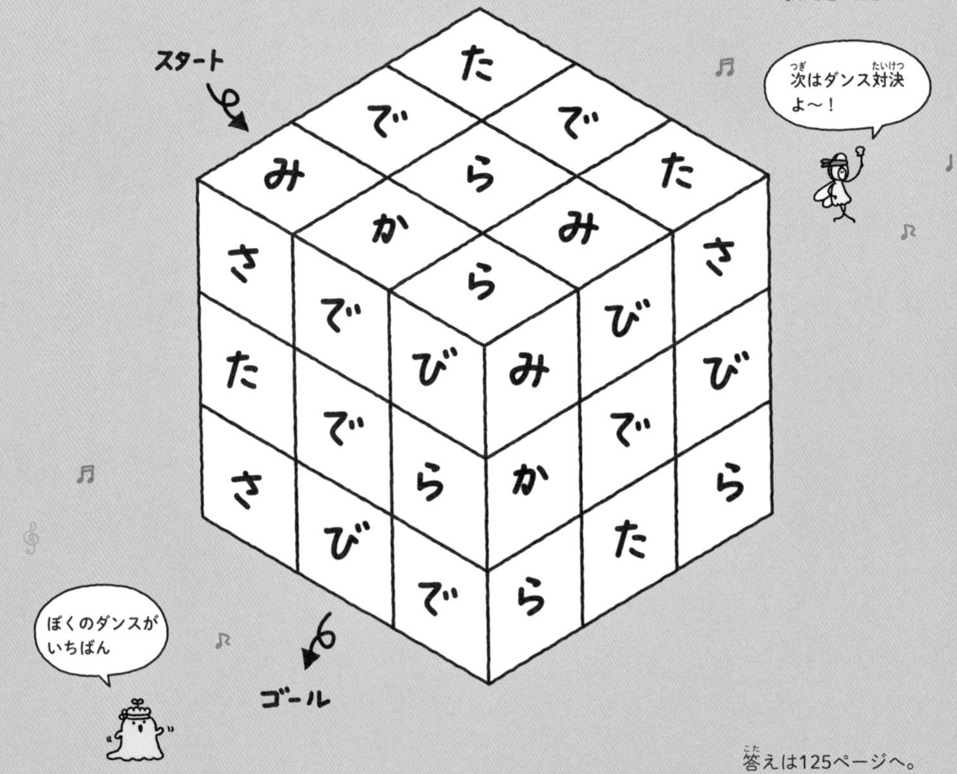

答えは125ページへ。

重さ比べ3

プレゼントの箱が、天びんにのっているよ。
3つのうち、いちばん重い箱に○をつけよう。

❶

❷

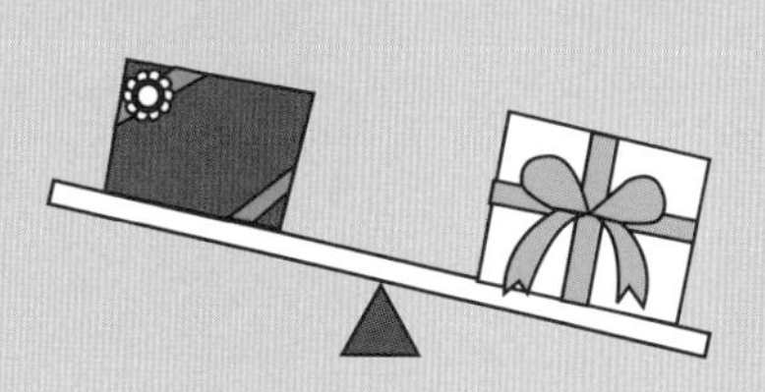

いちばん
重いものに
○をしよう

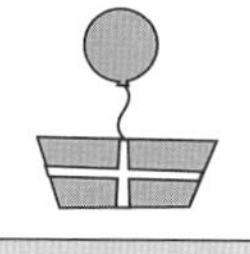

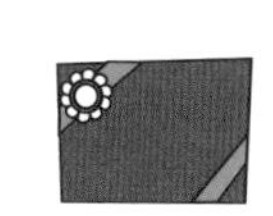

答えは134ページへ。

てんびんパズル２

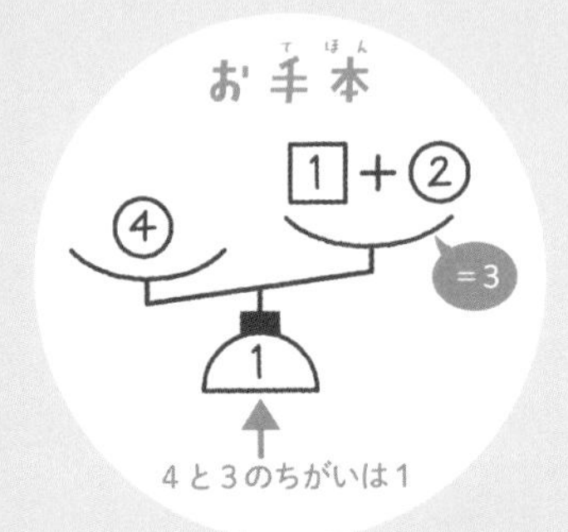

１～４までの数を、
ひとつずつてんびんのマスの中に入れよう。
○には２か４、□には１か３が入るんだ。
同じ数は１回しか使えないよ。
てんびんの真ん中には、
左右それぞれをたした数のちがいが書いてあるよ。

答えは131ページへ。

ドミノ筆算2

筆算をバラバラにしたドミノがあるよ。
ドミノの向きはそのままで、
筆算の空いているマスに入れて、正しい計算にしてね。

答えは140ページへ。

似ている言葉つなぎ3

ふたつで一組になるように、
よく似た意味の言葉を線でつなごう。
線はすべてのマスを通ってね。ななめに進んではだめ。
同じマスは1回しか通れないよ。

約束		優しい		
過去			決まり	
			昔	
のんびり	親切			
				ゆったり

答えは128ページへ。

慣用句さがしパズル3

下の3つの慣用句やことわざをさがして、線でつなごう。
ひとつの言葉は、それぞれ1本の線でつながるよ。

明日は我が身…他人に起こったよくないことが、いつ自分にも起こるかわからないこと。
いたれりつくせり…細かい心配りがすべてに行き届いているようす。
一か八か…どうなるかわからないけれど、思い切ってやってみるようす。

馬が合う……気が合うこと。
手を焼く……手間がかかって苦労すること。

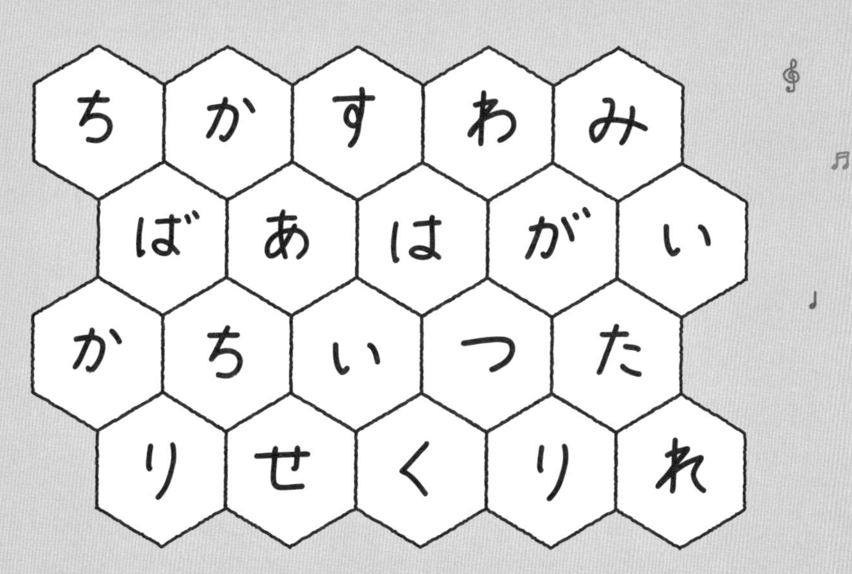

みんなでおどるの
たのしいんだな

答えは135ページへ。

ハァ… ハァ…
つ つかれたぜ…
ん?
うぅ… うぅ…うぅ…
え!? リーダーたち めっちゃ 泣いてる!!
うわあああああん
どうしたんだぜ!?
全員よかった… なわばり争い なんて しなくて よかったんだ
みんなちがって みんないいな…
うんうん
は… はあ
よーし!!
全員
パパパパーン
金メダルだ!!

100問達成おめでとう!
みんな1位
ポテチ コンソメ
ポテチ うすしお
ポテチ コンソメ
ポテチ とうがらし
ペラ
ペラ

みんな仲良くなってよかったのぅ
そうっすね！
なんかしらんけどよかったぜ
わい
ガヤ
勉強ってけっこうたのしいかもな
うん！ これからも色々知りたいぜー
この子たち すばらし〜
いまマー“うんこ”っていった
よーし！今は金メダルチョコ食いまくるぞー
おー
まぁ、勉強には甘いものを食べるといいというしな
バク
ほどほどにな

数日後――
ヒーとマーをワシの後継者に…
カミさまー こいつらずーっと チョコ食べてるんすよ～
うめー
とまらないぜ
ぷっくりんっ
ええ!?
こ、こやつらが本当に ワシの後継者に なるのか…？
あの 占い師絶対 インチキっすよ
オイラは 食べたらねるぜ
このチョコ 本当にうまい
大かつやくした ヒーとマーだけど 虫歯には気をつけてね！
おしまい

答えのページ

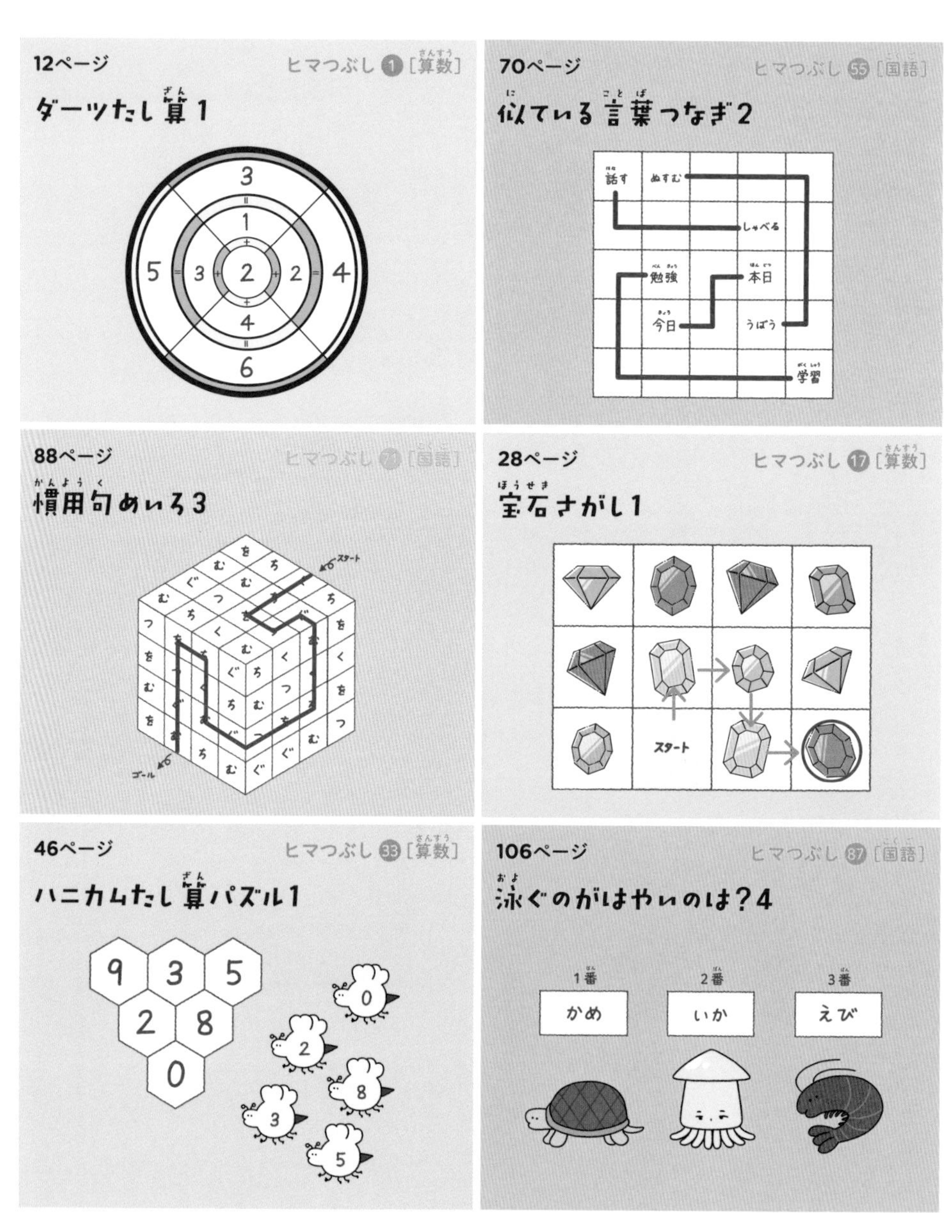
12ページ
ヒマつぶし 1 [算数]
ダーツたし算1
3
1
5
3
2
2
4
4
6
70ページ
ヒマつぶし 55 [国語]
似ている言葉つなぎ2
話す
ぬすむ
しゃべる
勉強
本日
今日
うばう
学習
88ページ
ヒマつぶし 71 [国語]
慣用句めいろ3
スタート
ゴール
28ページ
ヒマつぶし 17 [算数]
宝石さがし1
スタート
46ページ
ヒマつぶし 33 [算数]
ハニカムたし算パズル1
9
3
5
2
8
0
106ページ
ヒマつぶし 87 [国語]
泳ぐのがはやいのは?4
1番
2番
3番
かめ
いか
えび

20ページ　ヒマつぶし 9 [算数]

いも虫時計1

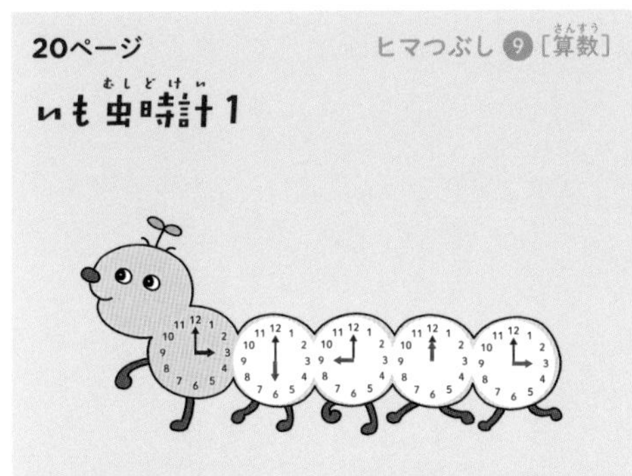

80ページ　ヒマつぶし 65 [国語]

泳ぐのがはやいのは？3

96ページ　ヒマつぶし 79 [国語]

天才言葉集め2

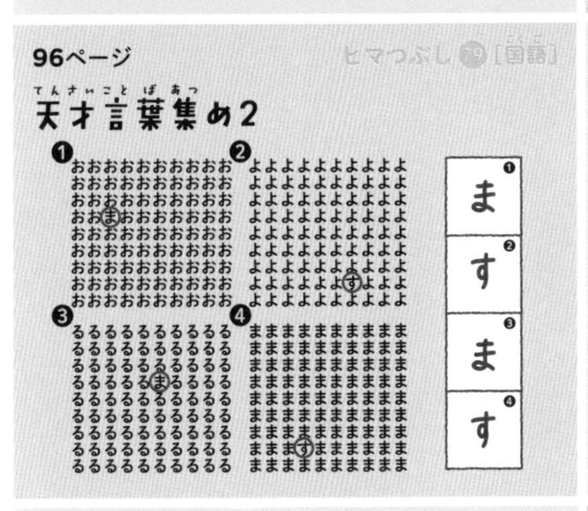

38ページ　ヒマつぶし 25 [算数]

たして10になるのは？1

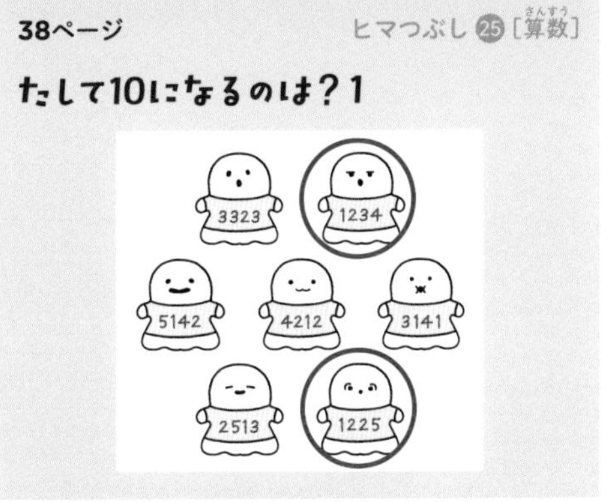

56ページ　ヒマつぶし 41 [算数]

宝石さがし2

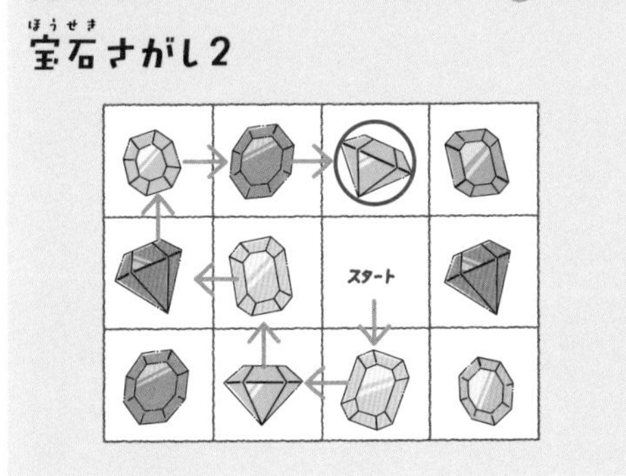

114ページ　ヒマつぶし 95 [国語]

ことわざめいろ3

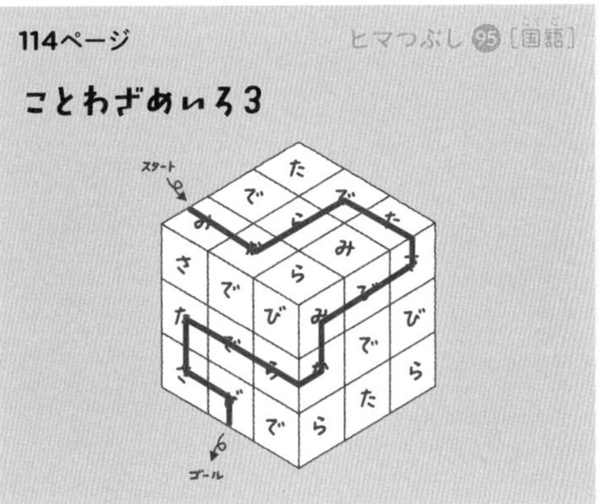

※掲載したものは代表的な例です。別解がある場合もあります。

答えのページ

71ページ　ヒマつぶし 56 [国語]

重さ比べ2

89ページ　ヒマつぶし 72 [国語]

迷子はどの子？2

29ページ　ヒマつぶし 18 [算数]

数字めいろ1

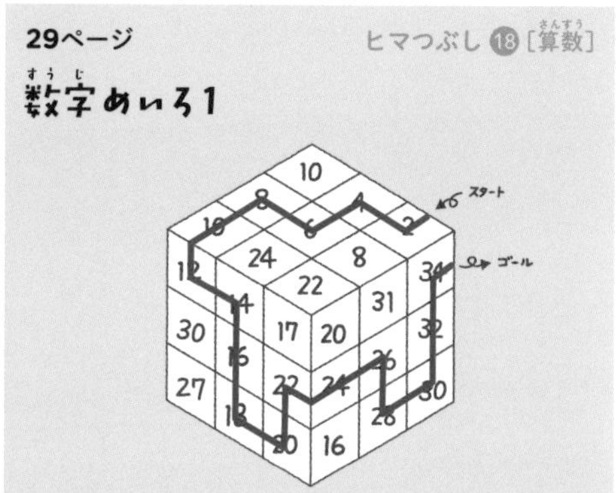

47ページ　ヒマつぶし 34 [算数]

三角形のまほうじん

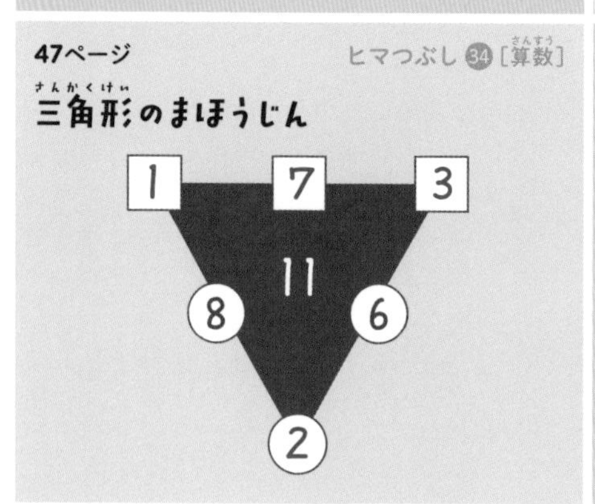

107ページ　ヒマつぶし 88 [国語]

エリアわけ3

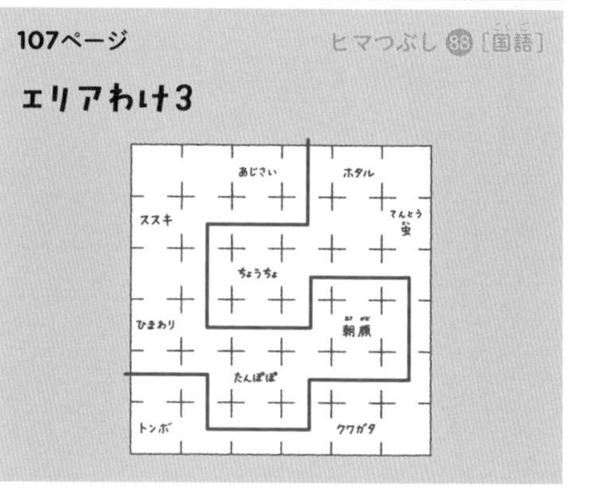

21ページ　ヒマつぶし 10 [算数]

数字の通り道1

6	7	10	11
5	8	9	12
4	1	14	13
3	2	15	16

81ページ　ヒマつぶし 64 [国語]

同じ音をさがせ！2

シ	フ	ワ	コ
ケ	ヒ	ロ	ト
オ	ス	ミ	テ
イ	セ	タ	リ

97ページ　ヒマつぶし 80 [国語]

数かぞえあみだくじ2

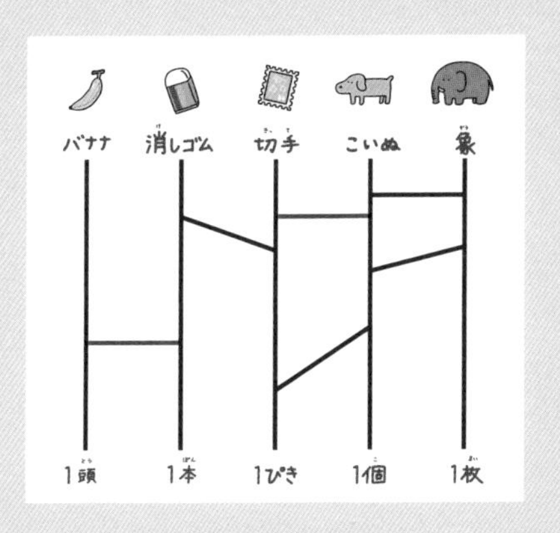

39ページ　ヒマつぶし 26 [算数]

3D数字パズル1

1
4　2
3
2　3
4　1
3　4
1　2

103ページ　ヒマつぶし 84 [国語]

迷子はどの子？3

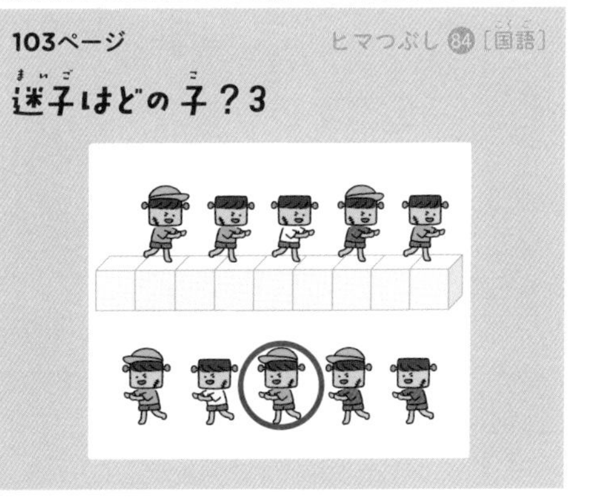

※掲載したものは代表的な例です。別解がある場合もあります。

答えのページ

14ページ　ヒマつぶし 3［国語］

回転する漢字1

65ページ　ヒマつぶし 50［算数］

数字つなぎ2

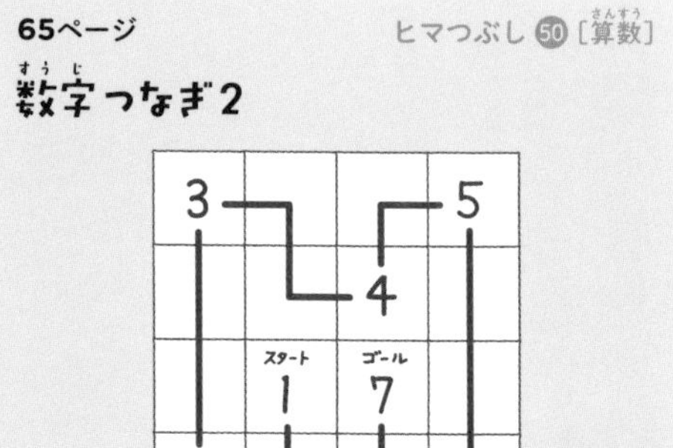

83ページ　ヒマつぶし 66［算数］

たして10になるのは？2

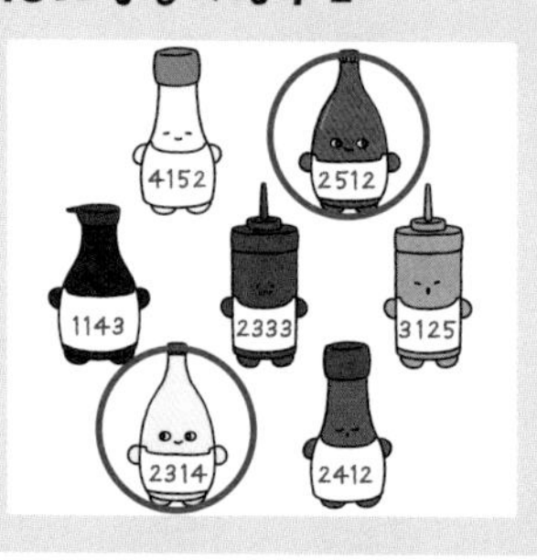

118ページ　ヒマつぶし 99［国語］

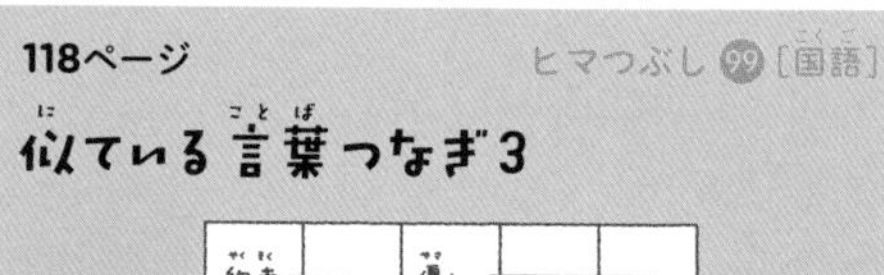

似ている言葉つなぎ3

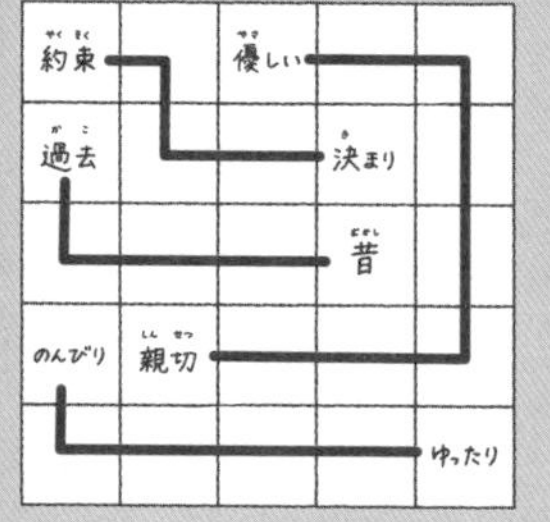

48ページ　ヒマつぶし 35［国語］

反対言葉つなぎ1

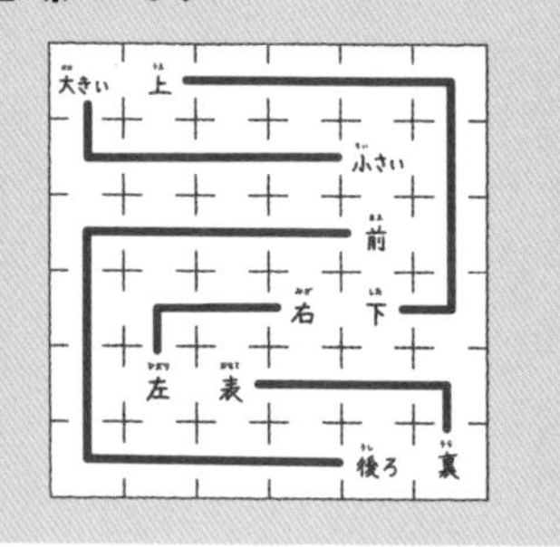

101ページ　ヒマつぶし 82［算数］

たし算ゆうびん3

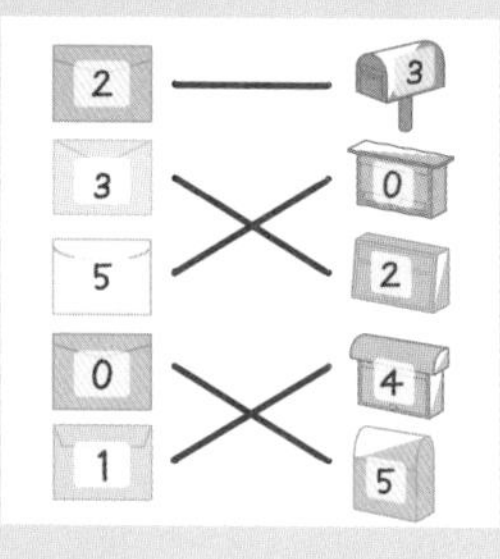

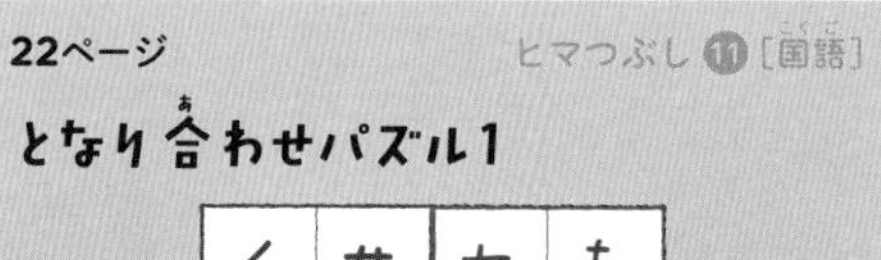

22ページ　ヒマつぶし 11 [国語]

となり合わせパズル1

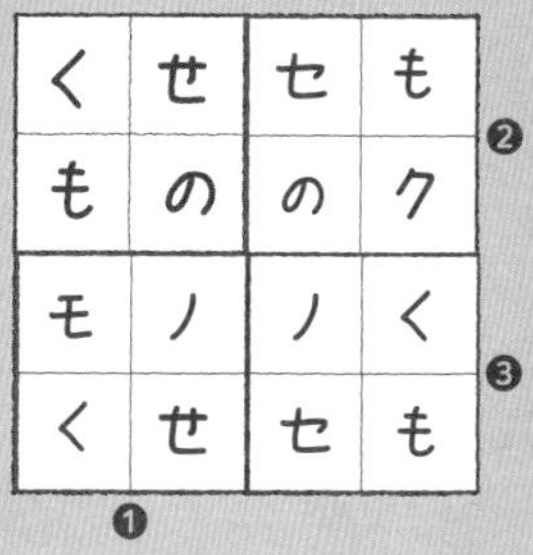

73ページ　ヒマつぶし 58 [算数]

数字の通り道2

2	3	16	15
1	4	13	14
6	5	12	11
7	8	9	10

91ページ　ヒマつぶし 74 [算数]

3D数字パズル2

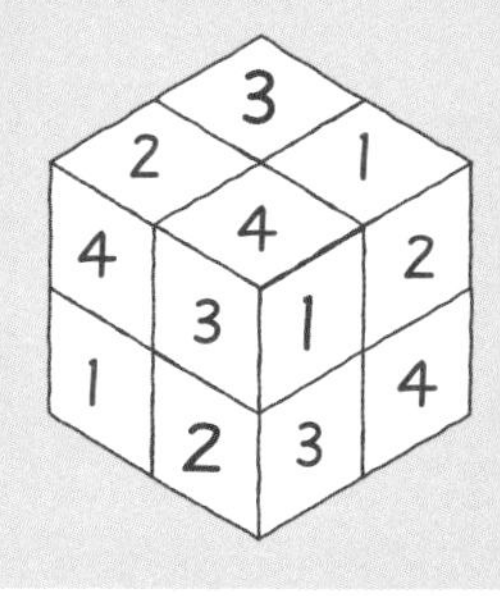

40ページ　ヒマつぶし 27 [国語]

漢数字つなぎ1

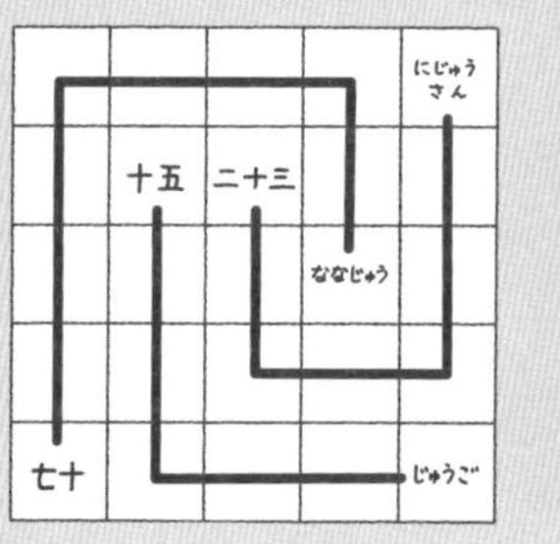

58ページ　ヒマつぶし 43 [国語]

ことわざめいろ2

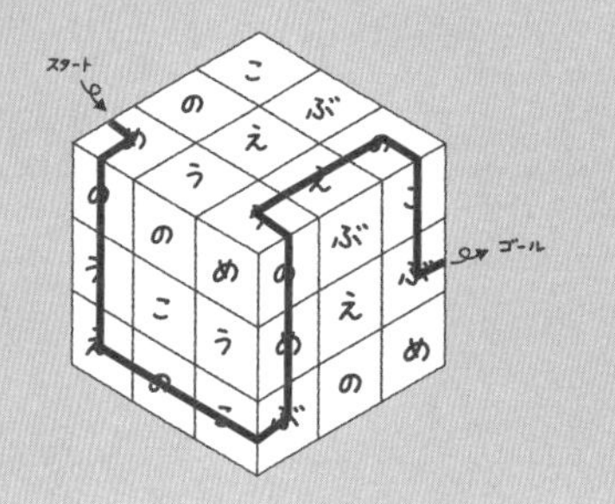

109ページ　ヒマつぶし 90 [算数]

宝石さがし3

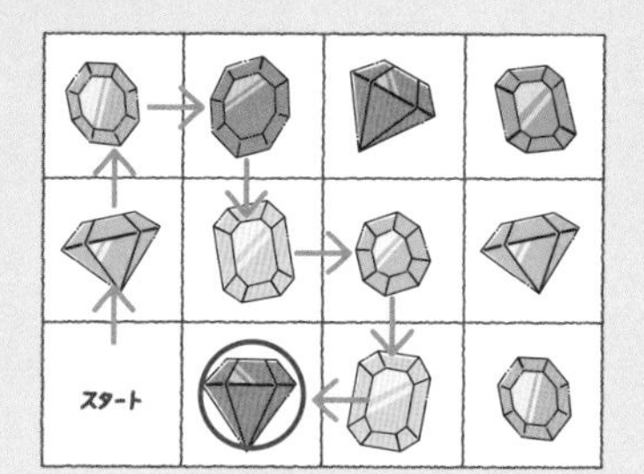

※掲載したものは代表的な例です。別解がある場合もあります。

15ページ　ヒマつぶし 4［国語］

泳ぐのがはやいのは？1

72ページ　ヒマつぶし 57［算数］

ダーツひき算2

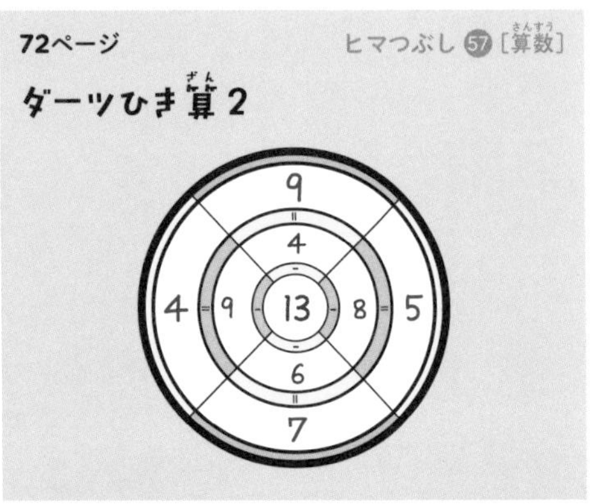

90ページ　ヒマつぶし 73［算数］

ダーツひき算3

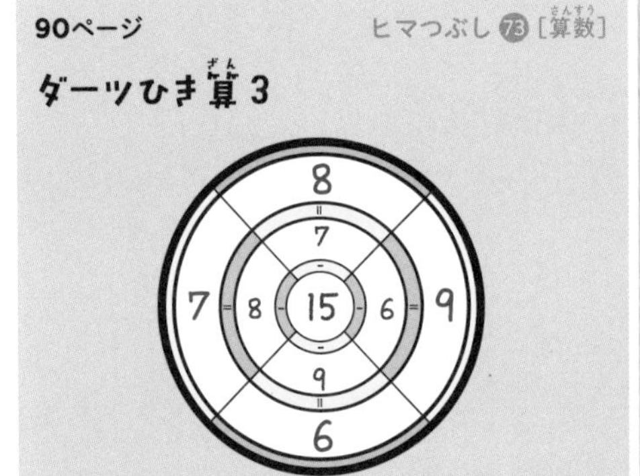

31ページ　ヒマつぶし 20［国語］

似ている言葉つなぎ1

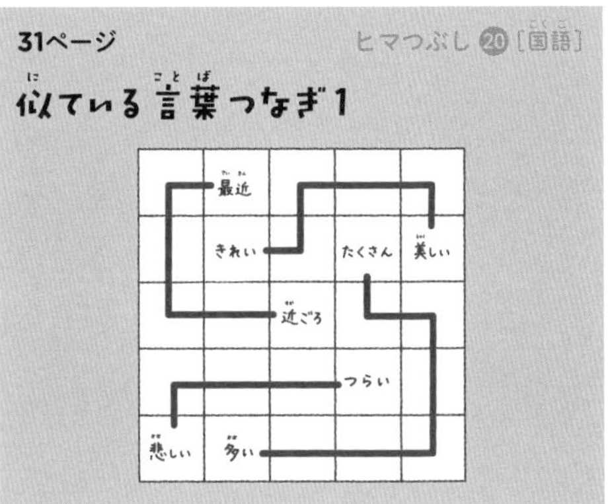

49ページ　ヒマつぶし 36［国語］

天才言葉集め1

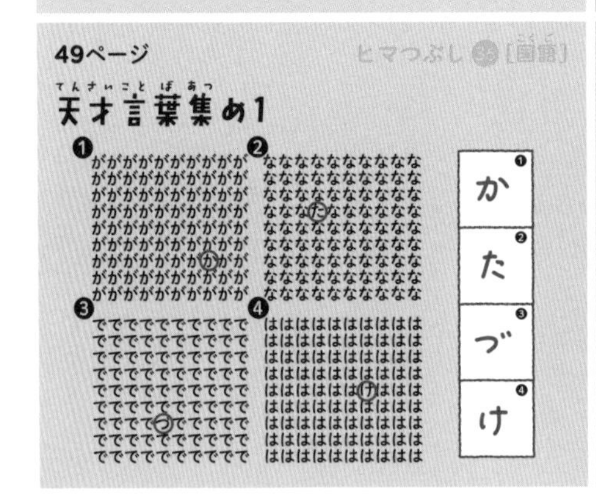

108ページ　ヒマつぶし 89［算数］

ハニカムたし算パズル2

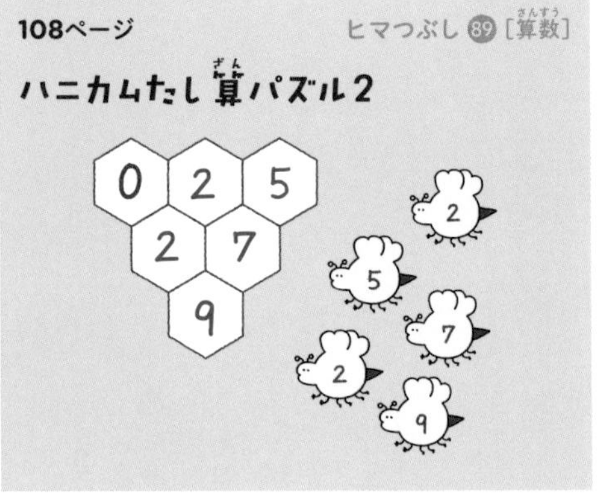

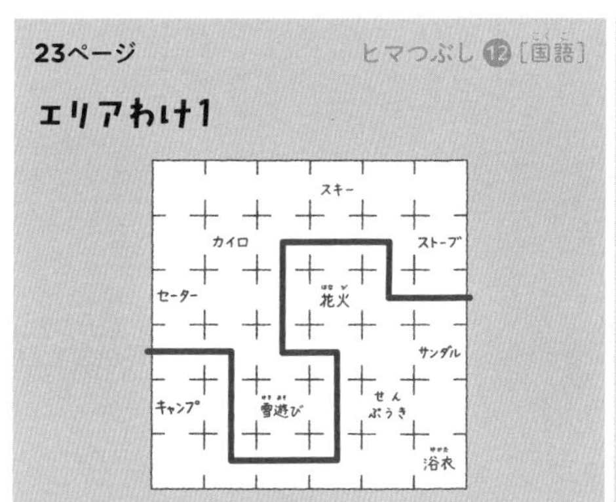

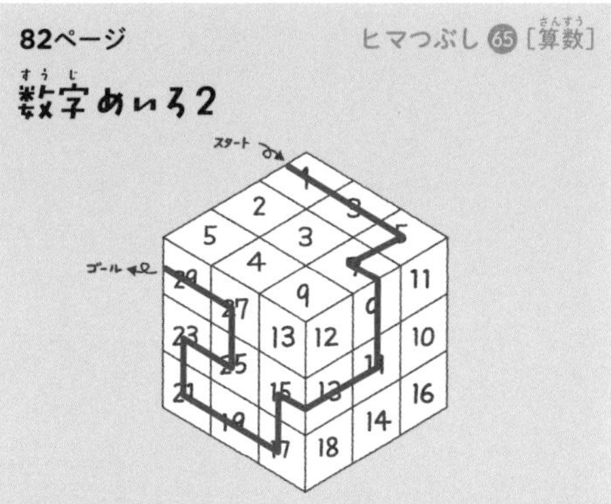

100ページ　ヒマつぶし 81 [算数]

フルーツめいろ3

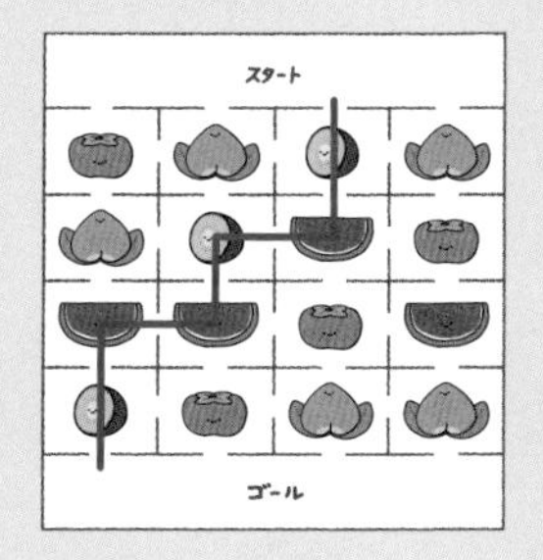

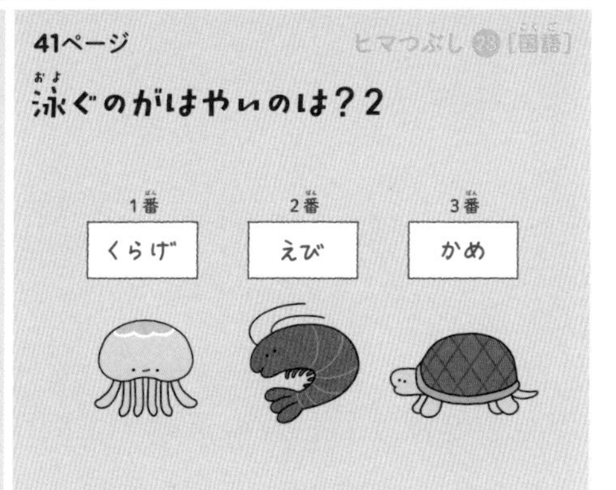

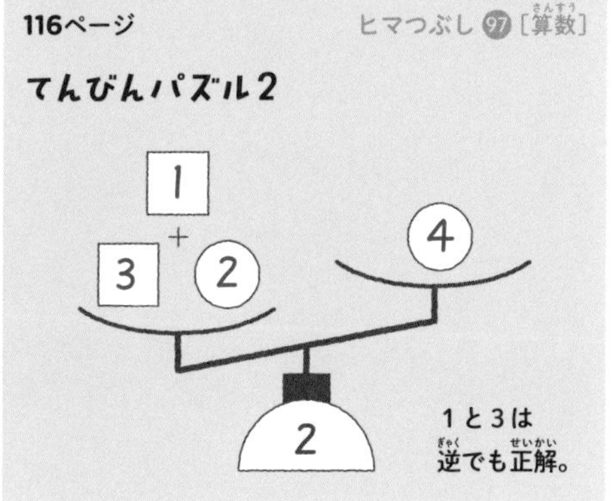

※掲載したものは代表的な例です。別解がある場合もあります。

答(こた)えのページ

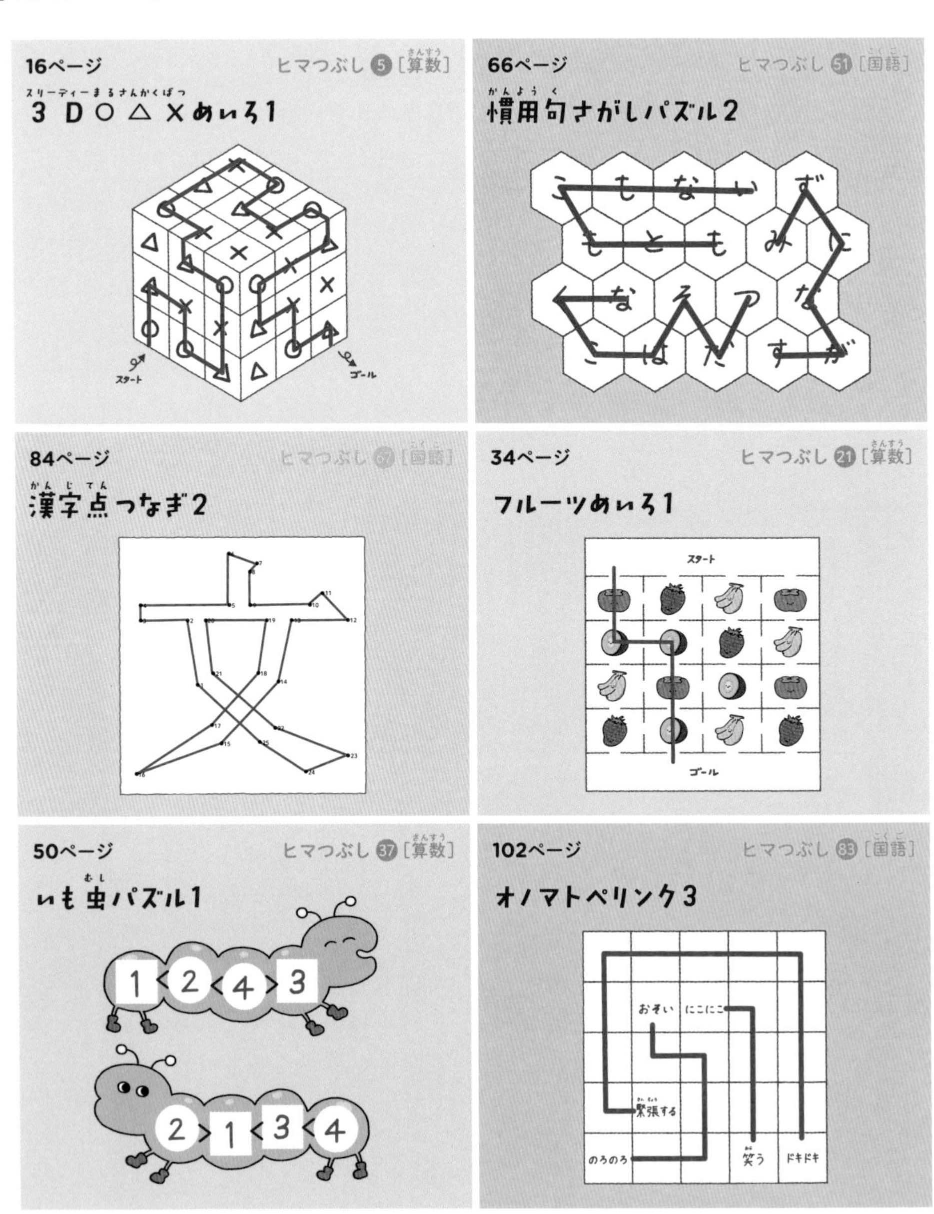

16ページ
ヒマつぶし 5 [算数(さんすう)]
3 D ○ △ ×めいろ1
スタート
ゴール
66ページ
ヒマつぶし 51 [国語(こくご)]
慣用句(かんようく)さがしパズル2
84ページ
ヒマつぶし 67 [国語(こくご)]
漢字点(かんじてん)つなぎ2
34ページ
ヒマつぶし 21 [算数(さんすう)]
フルーツめいろ1
スタート
ゴール
50ページ
ヒマつぶし 37 [算数(さんすう)]
いも虫(むし)パズル1
102ページ
ヒマつぶし 83 [国語(こくご)]
オノマトペリンク3
おそい
にこにこ
緊張する
のろのろ
笑う
ドキドキ

24ページ　ヒマつぶし 13［算数］

＋ －ピラミッド1

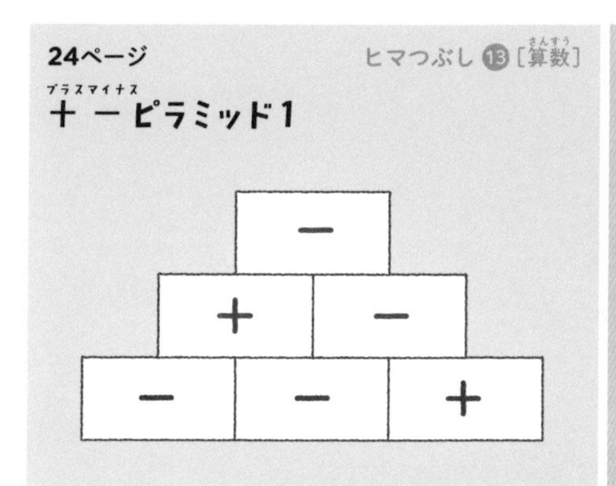

75ページ　ヒマつぶし 60［国語］

言葉つなぎ2

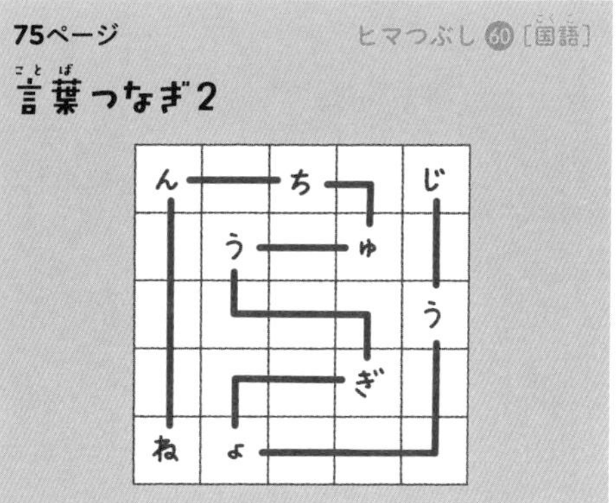

92ページ　ヒマつぶし 75［国語］

漢字パズル2

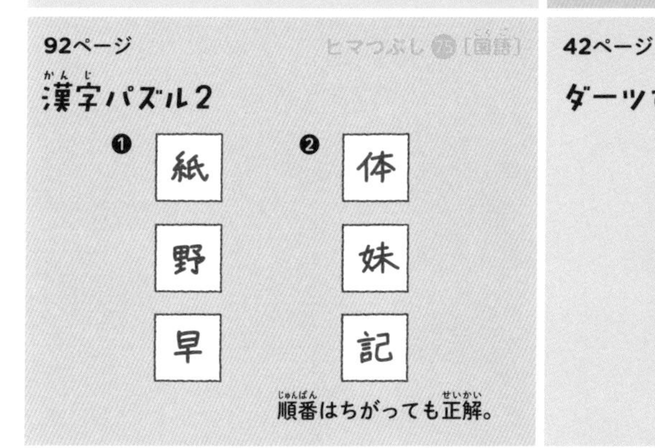

順番はちがっても正解。

42ページ　ヒマつぶし 29［算数］

ダーツひき算1

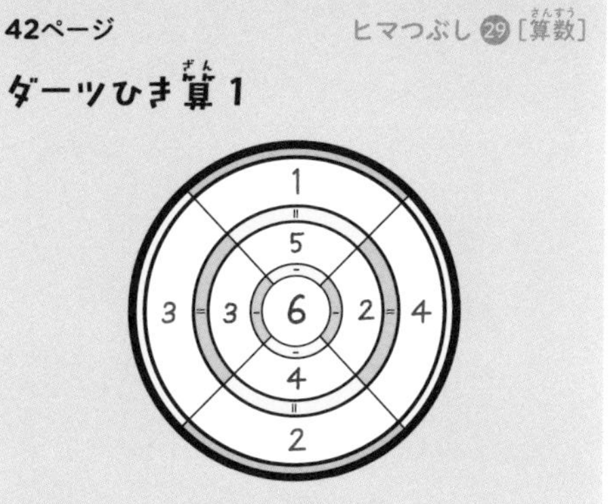

60ページ　ヒマつぶし 45［算数］

いも虫時計2

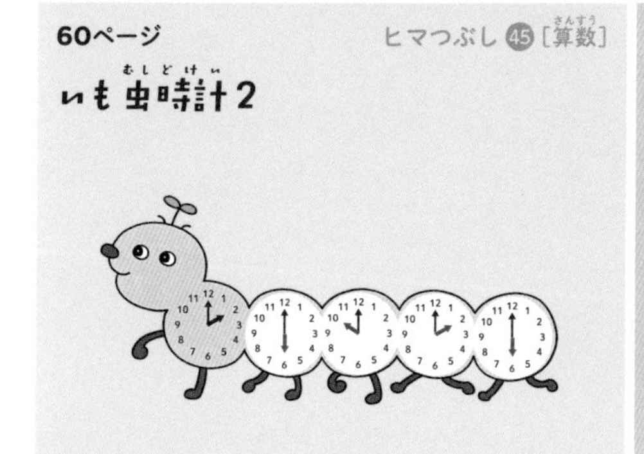

110ページ　ヒマつぶし 91［国語］

言葉つなぎ3

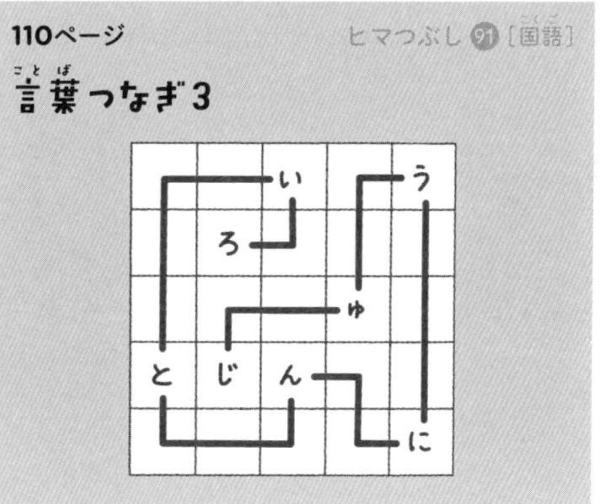

※掲載したものは代表的な例です。別解がある場合もあります。

答えのページ

17ページ　ヒマつぶし 6［算数］

たし算ゆうびん1

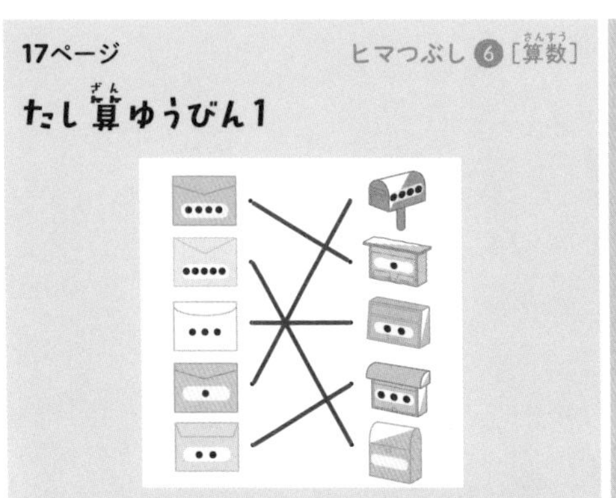

67ページ　ヒマつぶし 52［国語］

オノマトペリンク2

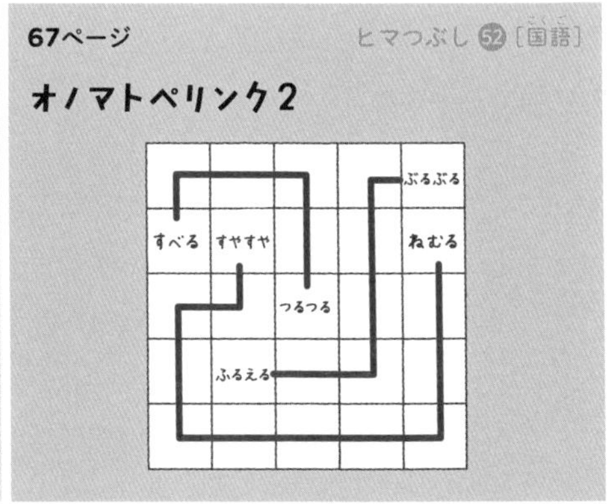

115ページ　ヒマつぶし 96［国語］

重さ比べ3

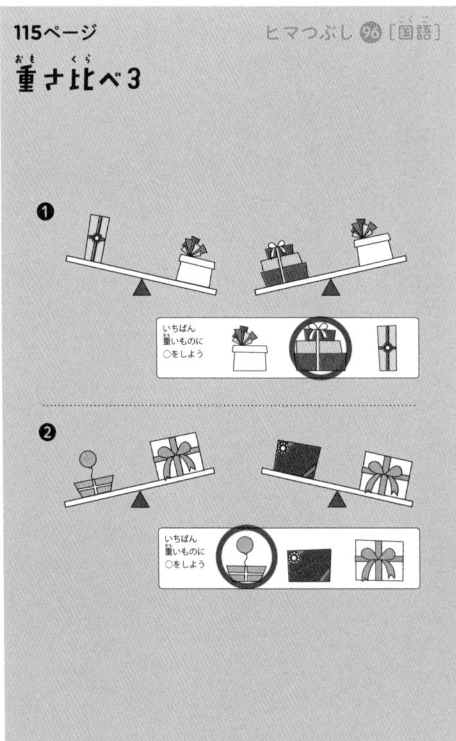

35ページ　ヒマつぶし 22［算数］

＋－ピラミッド2

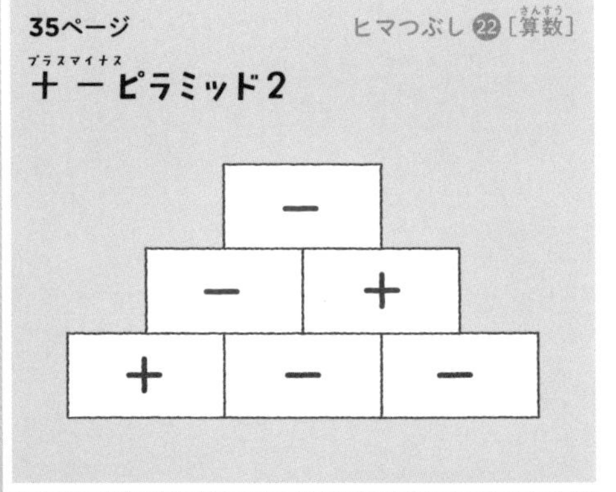

85ページ　ヒマつぶし 68［国語］

漢数字つなぎ2

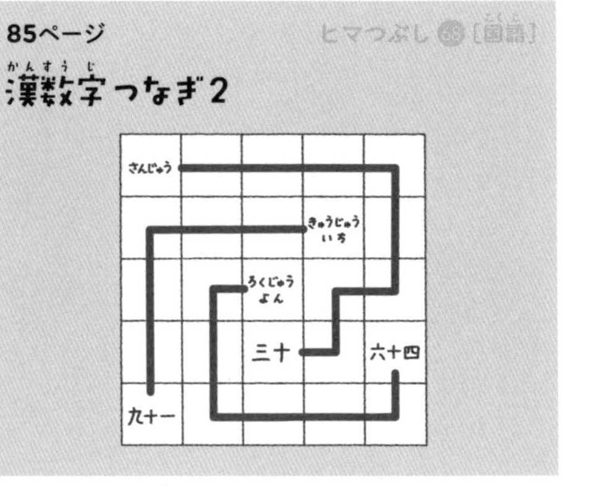

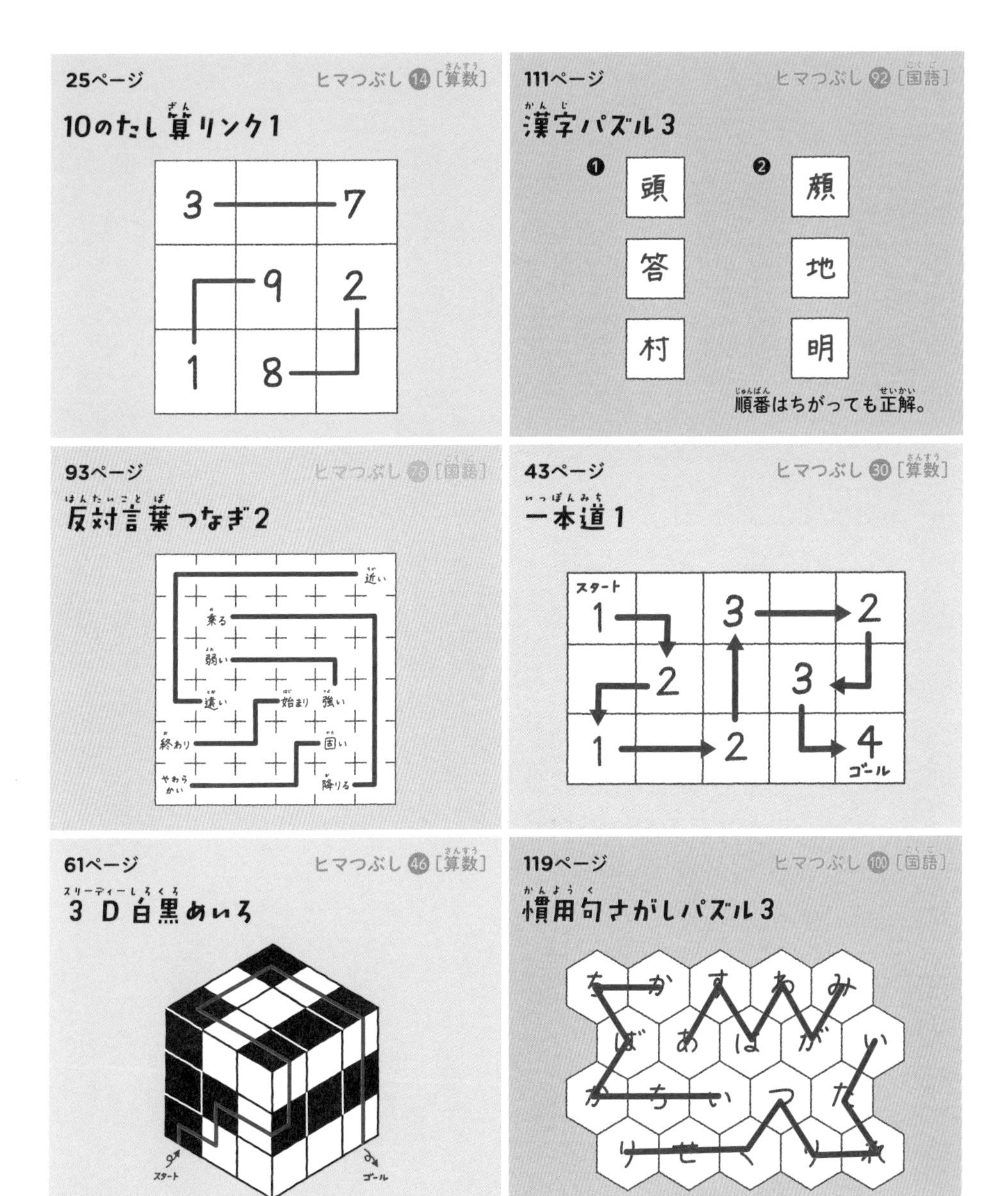

※掲載したものは代表的な例です。別解がある場合もあります。

答えのページ

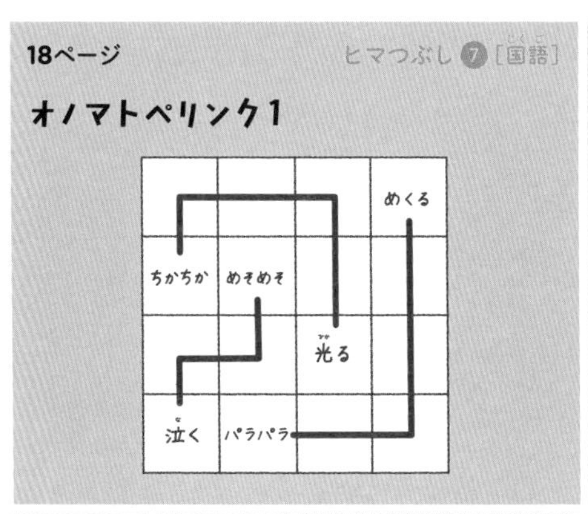
18ページ
ヒマつぶし 7 [国語]
オノマトペリンク1
めくる
ちかちか
めそめそ
光る
泣く
パラパラ

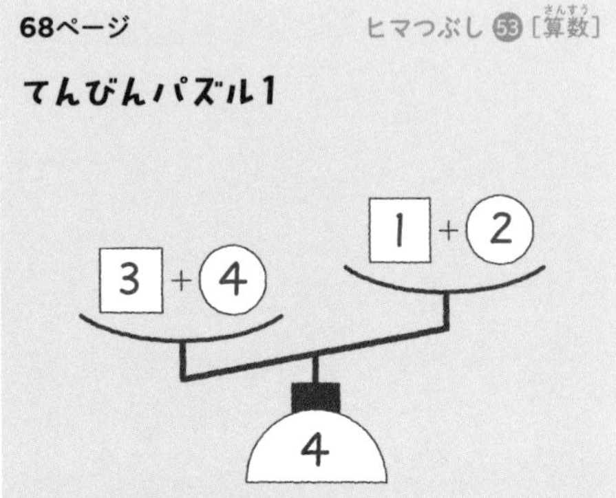
68ページ
ヒマつぶし 53 [算数]
てんびんパズル1
3 + 4
1 + 2
4

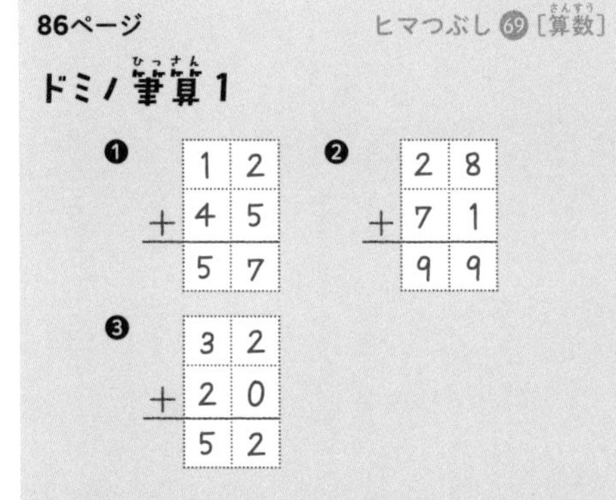
86ページ
ヒマつぶし 69 [算数]
ドミノ筆算1
❶ 12 + 45 = 57
❷ 28 + 71 = 99
❸ 32 + 20 = 52

36ページ
ヒマつぶし [国語]
同じ音をさがせ!1
う き い え
こ い つ れ
あ か た き
な し り ぬ

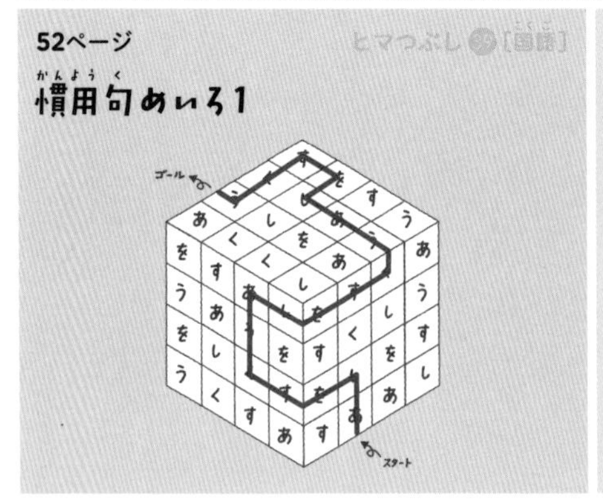
52ページ
ヒマつぶし [国語]
慣用句めいろ1
ゴール
スタート

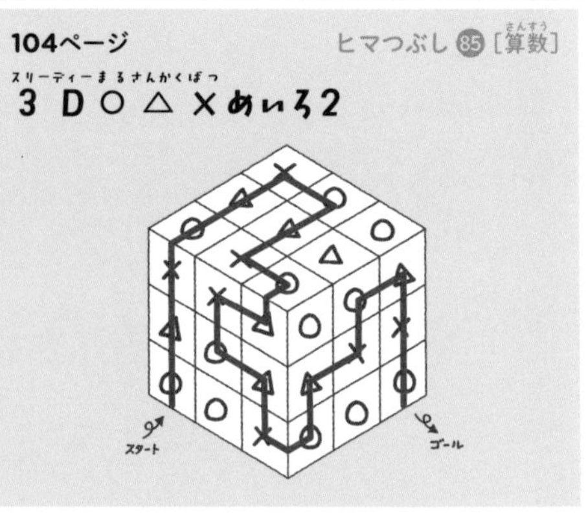
104ページ
ヒマつぶし 85 [算数]
3D○△×めいろ2
スタート
ゴール

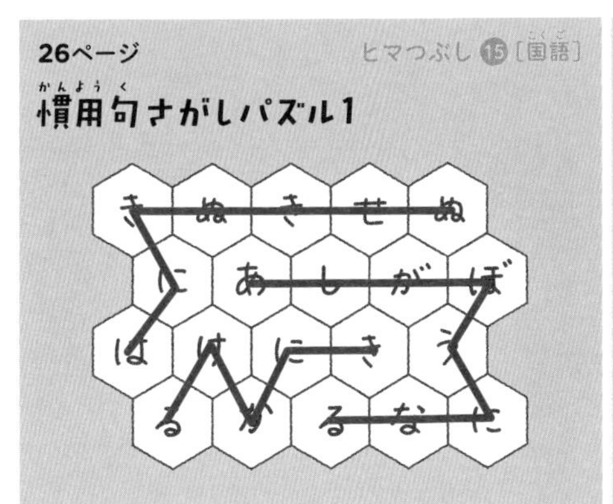

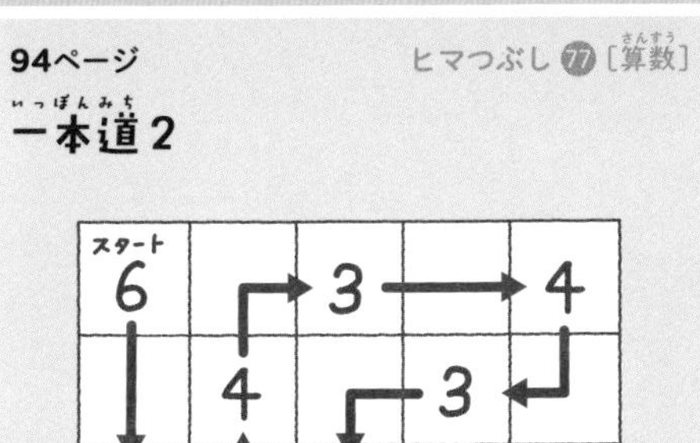

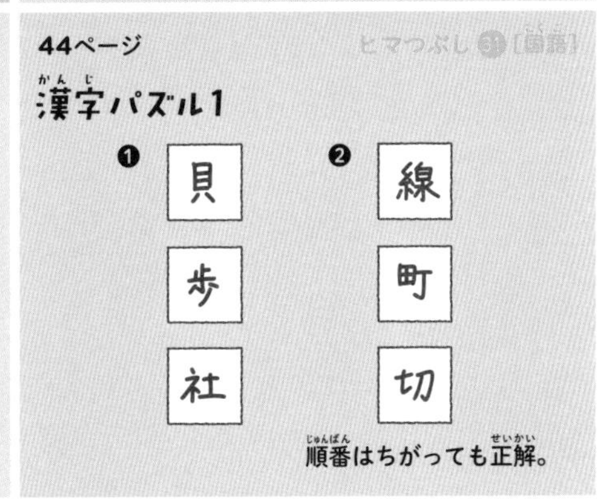

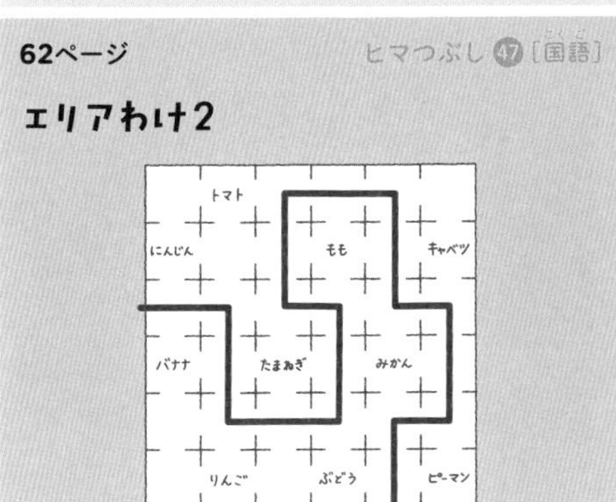

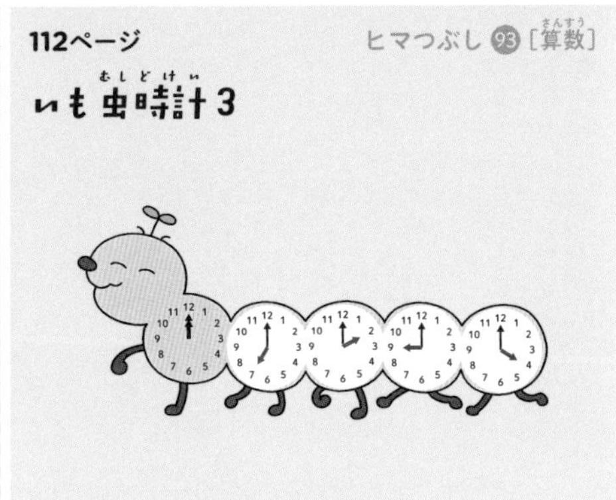

※掲載したものは代表的な例です。別解がある場合もあります。

答えのページ

19ページ　ヒマつぶし 8 [国語]

ことわざめいろ1

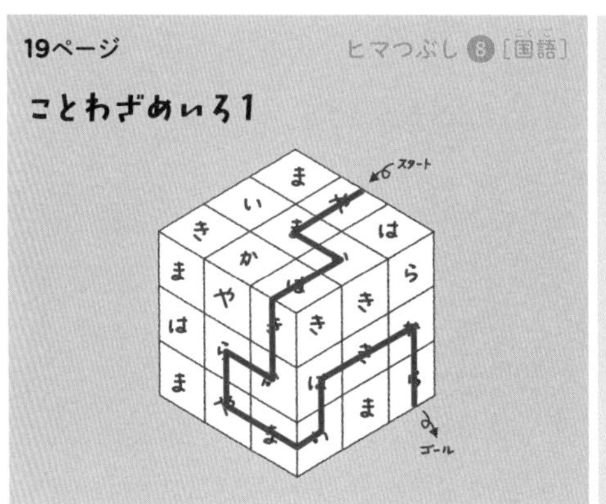

69ページ　ヒマつぶし 54 [算数]

＋ ー ピラミッド3

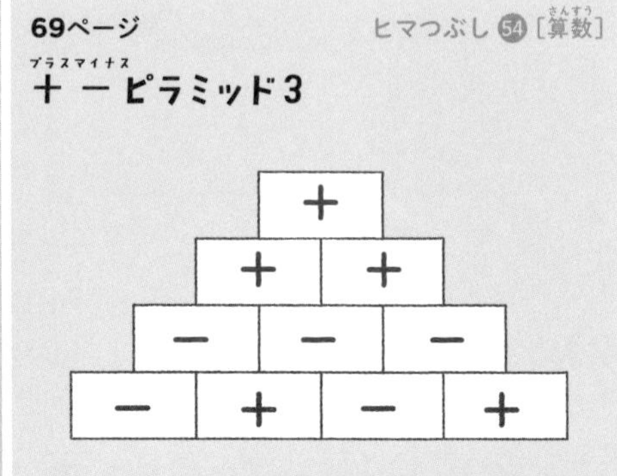

87ページ　ヒマつぶし 70 [算数]

フルーツめいろ2

スタート

ゴール

37ページ　ヒマつぶし 24 [国語]

漢字点つなぎ1

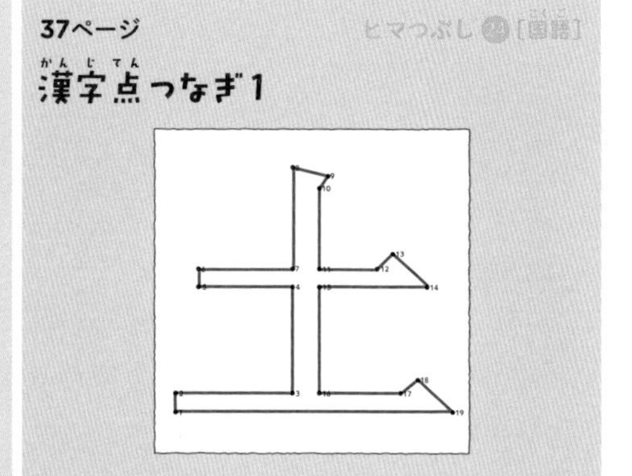

74ページ　ヒマつぶし 59 [国語]

慣用句めいろ2

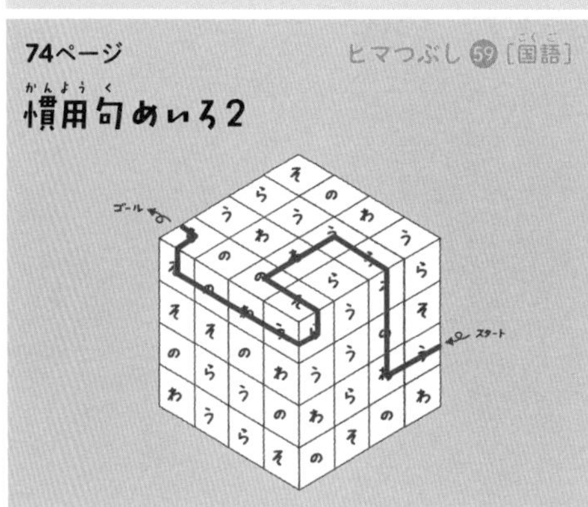

105ページ　ヒマつぶし 86 [算数]

たして10になるのは？3

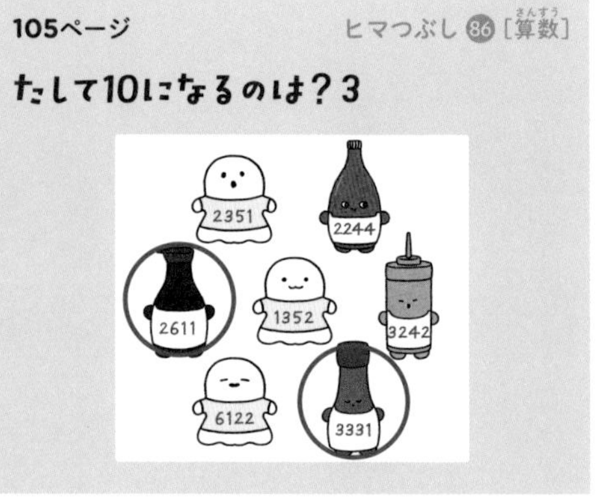

27ページ　ヒマつぶし16［国語］

言葉つなぎ1

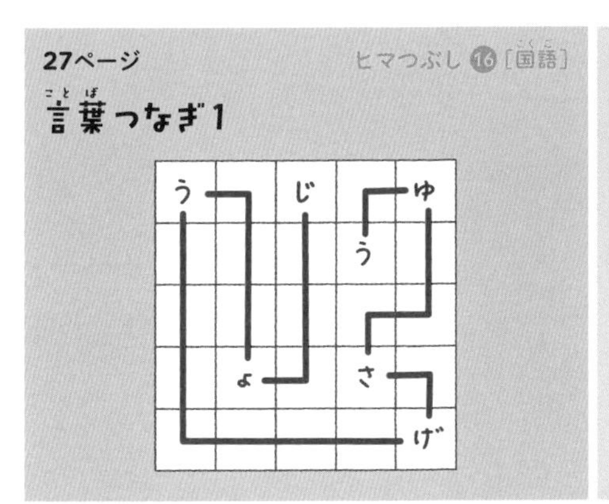

79ページ　ヒマつぶし62［算数］

10のたし算リンク3

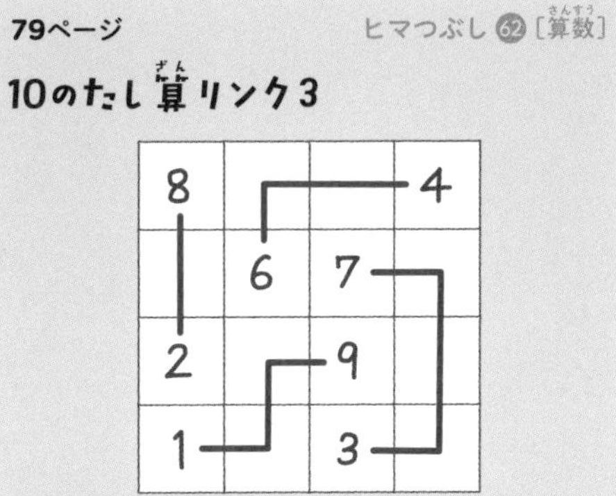

95ページ　ヒマつぶし78［算数］

数合わせパズル

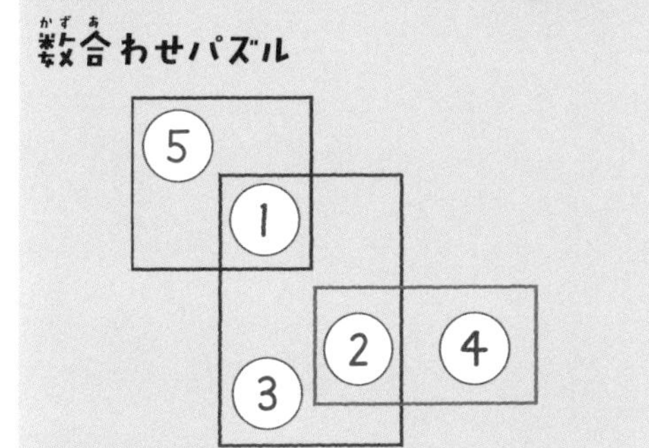

45ページ　ヒマつぶし32［国語］

迷子はどの子？1

63ページ　ヒマつぶし48［国語］

となり合わせパズル2

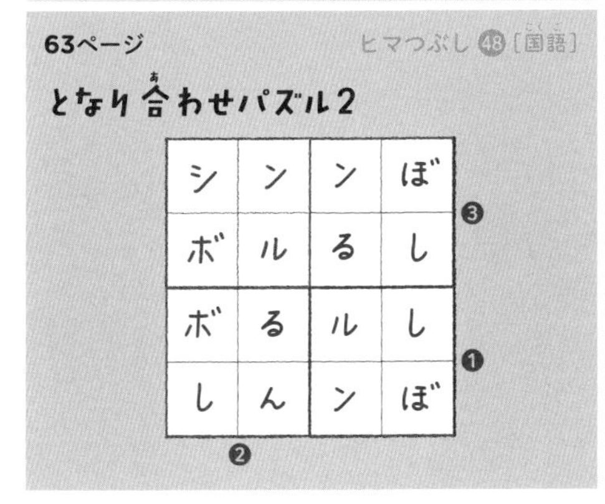

113ページ　ヒマつぶし94［算数］

ダーツたし算3

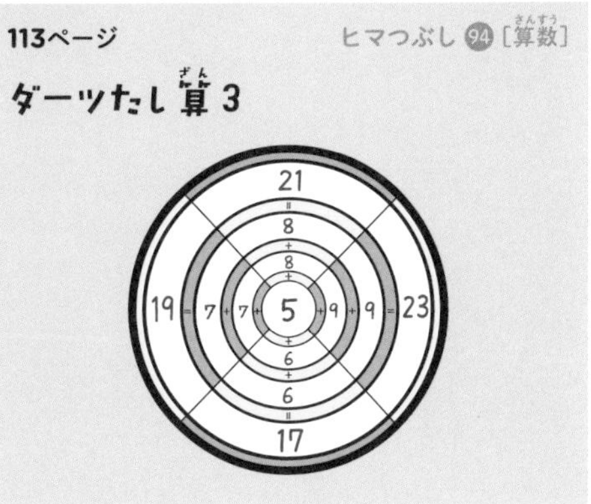

※掲載したものは代表的な例です。別解がある場合もあります。

答えのページ

64ページ ヒマつぶし 49 [算数]

たし算ゆうびん2

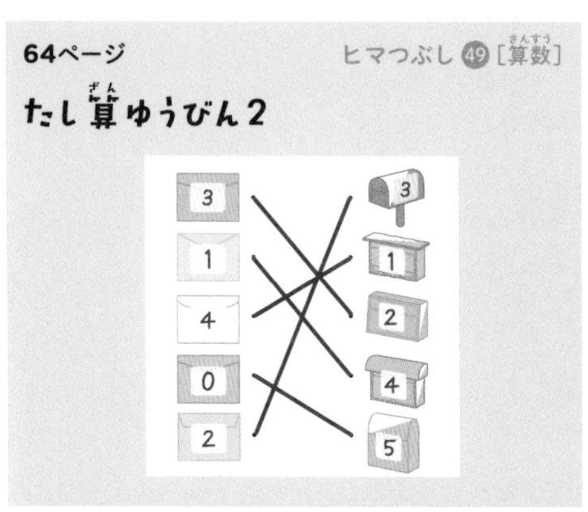

53ページ ヒマつぶし 40 [国語]

数かぞえあみだくじ1

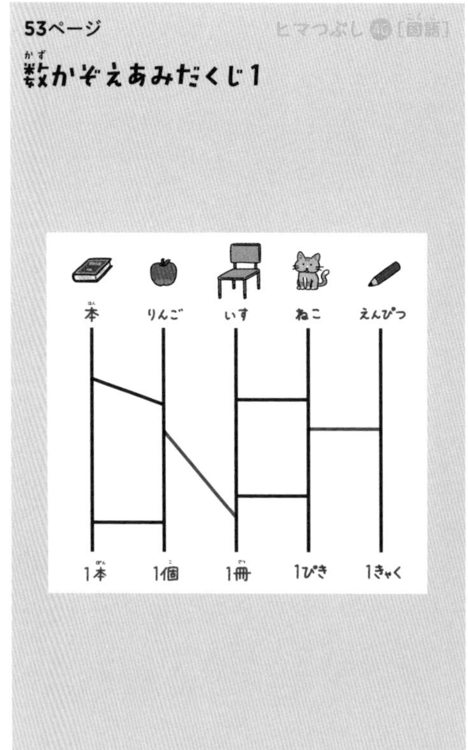

30ページ ヒマつぶし 19 [国語]

重さ比べ1

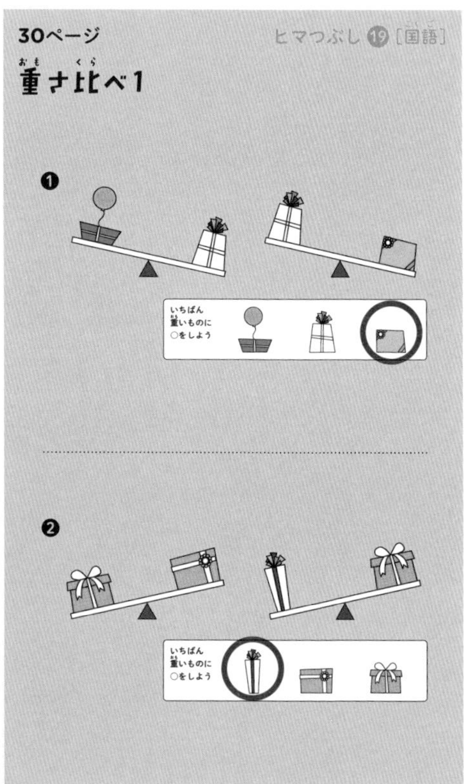

117ページ ヒマつぶし 98 [算数]

ドミノ筆算2

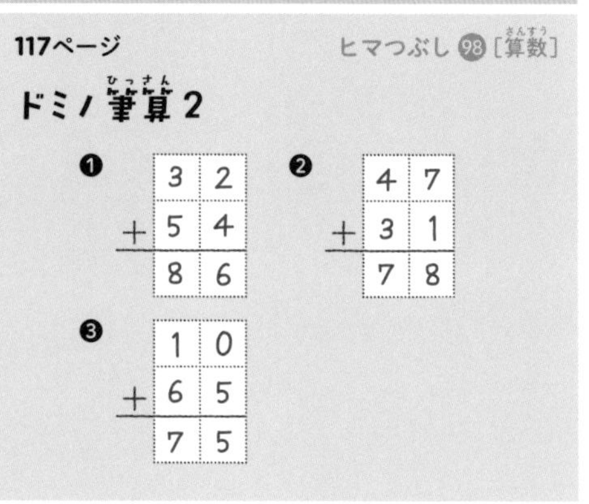

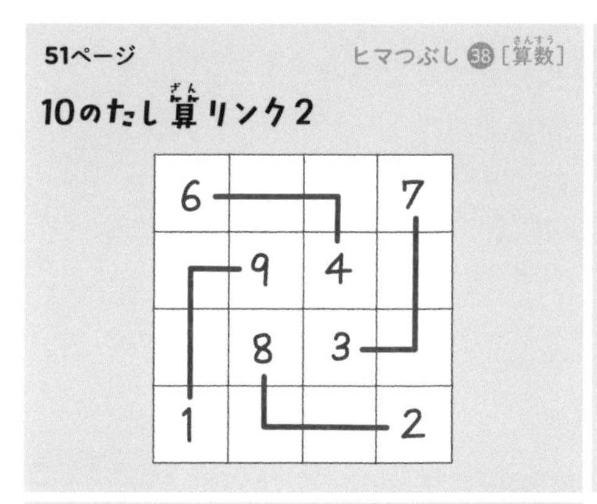

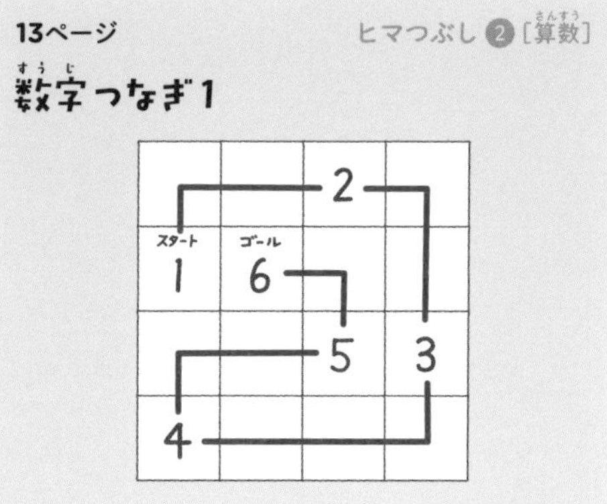

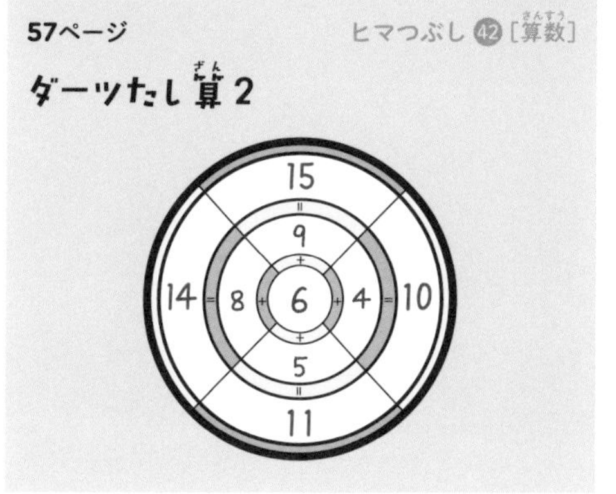

※掲載したものは代表的な例です。別解がある場合もあります。

この本に出てきたキャラクターたち

どのページに出てきたか
さがしてみよう！

カメロンパン

りんご農家で働いていて、りんごについては少しうるさい。パンよりご飯派で、好きなご飯のおかずはうめぼし。

はたらきもの

動物のナマケモノとは逆で、よく働く。はたらきものがいるおかげで、なまけていられる人がいるのだ。

モンスター親子

子どもはいつも「なんで？ どうして？」と質問をしている。お母さんモンスターはちゃんと調べて答えているらしい。

ひとつめこゾウ

目がひとつの小さいゾウ。視力がとてもいい。ブルーベリーが大好物。

こわいかお

見た目は怖いがすごく優しい。花を愛していて、毎日水やりをしている。好きな映画はれんあい系学園ドラマ。

ゆにコーン

モンスターのリーダー。フレンドリーでみんなから好かれている。頭のとうもろこし（コーン）はちょっぴり重たい。

ヴァンパイニャ

世界一のニンニクラーメンを完成させるために、日々ニンニクを食べている。頭にはお気に入りのニンニクを乗せている。

ヘタッピー

かわいい見た目で、今まで一度もだれかを怖がらせたことがない。「いつか怖がらせてやる！」と思っている。

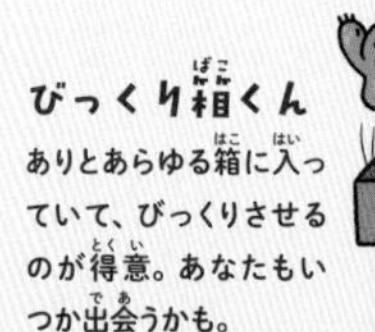

びっくり箱くん

ありとあらゆる箱に入っていて、びっくりさせるのが得意。あなたもいつか出会うかも。

フランケン母さん

子どもがいつもウロチョロ走り回り、迷子になってしまうため、苦労がたえない。がんばれ！ フランケン母さん！

シャケベイザメ

サメに似ているサケ。子どもたちはいつも動き回っている。大人になると泳ぐようになる。

ビリビリナマズ

なめるとビリビリするビリビリアイスを売っている。一度食べると病みつきになるおいしさらしい。

ポテチのようせい

たくさんの種類がいて、みんな性格がちがうがとても仲良し。ポテチのようせいとあそぶと、手が油でベトベトになる。

ばんがさパラソル

雨よけ、日よけ、雪よけ、まよけなど、何にでも使える万能なかさ。アイスクリームが大好き。

かきのようせい

ようせいのリーダー。ふわふわと気まぐれに飛んでいる。まほうをかけるときは、何を言っているかわからない。

ユキージョ

おばけ&ようかいのリーダー。明るくて話しやすい。サングラスをコレクションしていて、その数なんと6000本以上。

クリおねだり

おねだりをするクリオネ。「おねだりすれば、願いはだいたいかなう」という、あまい考えをもっている。

おにくくらげ

少しでもさわってしまうと、2〜3日もの間、手から焼肉のタレのにおいが取れなくなる。

ザピ

子どものザピは「ザピ」しか話せない。ザピが歩いたあとには、ザピに乗っているサラミやキノコが落ちている。

コアマ

まほうの練習中で、出会った人たちにまほうをかけまくる。悪いまほうではないため、みんなコアマを許している。

ダンスダイコン倶楽部

モンスター、おばけ&ようかい、ようせいのどれでもない。音楽が流れるとやってくる、ただのダンス好き。

火のタマさん

好奇心おうせいでとても人なつっこい。さわるとやけどをしてしまうので注意。

きのこの子

とてもいい香りがするキノコ。毒はないけど、中毒性がある。怖がりでつかまえにくい。

ライヒン

話がとても長い。ライヒンの話を聞きながらねむると、必ずいい夢が見られる。

算数と国語の力がつく

天才!! ヒマつぶしドリル やさしめ

著者
田邉 亨

イラスト
伊豆見 香苗

ブックデザイン
albireo

データ作成
株式会社 四国写研

問題図作成
渡辺 泰葉

編集協力
梶塚 美帆
（ミアキス）

校正
秋下 幸恵　岩崎 美穂　遠藤 理恵　西川 かおり

クリエイティブ協力
大矢 武彦　鹿間 絵理　今村 千秋
（ソニー・クリエイティブプロダクツ）

企画・編集
宮﨑 純

ヒマなときは
またあそぼ